2008北京奥运建筑丛书

华章凝彩
NEW OLYMPIC VENUES
新建奥运场馆

总主编　中国建筑学会
　　　　中国建筑工业出版社
本卷主编　清华大学建筑设计研究院

中国建筑工业出版社
CHINA ARCHITECTURE & BUILDING PRESS

2008 北京奥运建筑丛书（共 10 卷）

梦 寻 千 回——北京奥运总体规划

宏 构 如 花——奥运建筑总览

五 环 绿 苑——奥林匹克公园

织梦筑鸟巢——国家体育场

漪 水 盈 方——国家游泳中心

曲 扇 临 风——国家体育馆

华 章 凝 彩——新建奥运场馆

故 韵 新 声——改扩建奥运场馆

诗 意 漫 城——景观规划设计

再 塑 北 京——市政与交通工程

2008 北京奥运建筑丛书

总主编单位

中国建筑学会
中国建筑工业出版社

顾　问

黄　卫（北京市副市长、院士，原住房和城乡建设部副部长）

总编辑工作委员会

主　任　宋春华（中国建筑学会理事长、国际建筑师协会理事）
副主任　周　畅　王珮云　黄　艳　马国馨　何镜堂
执行副主任　张惠珍

委　员（按姓氏笔画为序）

丁　建	马国馨	王珮云	庄惟敏	朱小地	何镜堂	吴之昕
吴宜夏	宋春华	张　宇	张　韵	张　桦	张惠珍	李仕洲
李兴钢	李爱庆	沈小克	沈元勤	周　畅	孟建民	金　磊
侯建群	胡　洁	赵　晨	赵小钧	崔　恺	黄　艳	

总主编　周　畅　王珮云

丛书编辑（按姓氏笔画为序）

马　彦	王伯扬	王莉慧	田启铭	白玉美	孙　炼	米祥友
许顺法	何　楠	张幼平	张礼庆	张国友	杜　洁	武晓涛
范　雪	徐　冉	戚琳琳	黄居正	董苏华		

整体设计　冯彝诤

《华章凝彩——新建奥运场馆》

本卷编委会

主 任
庄惟敏

副主任
侯建群

执行主编
方云飞　黄辰晞

参编人员（以姓氏笔画为序）
王士淳　车学娅　孙一民　江　泓　祁　斌　吕　琢
李　丹　邰方晴　汪奋强　郑　方　栗　铁　钱　锋
解　均

主编单位
清华大学建筑设计研究院

参编单位（按内容先后为序）
北京市建筑设计研究院
中国航天建筑设计研究院（集团）
北京天鸿圆方建筑设计有限责任公司
华南理工大学建筑设计研究院
同济大学建筑设计研究院
中建国际设计顾问有限公司
天津市建筑设计院

摄　影（以姓氏笔画为序）
王　金　孙一民　刘　东　江　泓　祁　斌　吕　琢
汤塑宁　张广源　李　丹　李宗印　陈海丰　陈　溯
陈晓刚　苏旭霖　苏振涛　杨超英　栗　铁　钱　锋
宿　东　强　强　解　均　裴庆生　戴曦玲

总　　序

　　奥运会，作为人类传统的体育盛会，以五环辉耀的奥林匹克精神，牵动着五大洲不同肤色亿万观众的心。奥林匹克运动不仅是世界体育健儿展示力与美的舞台，是传承人类共荣和谐梦想的载体，也为世界建筑界搭建了一个展现多元的建筑文化、最新的建筑设计理念、建筑技术与材料、建筑施工与管理水平的竞技场。2008年北京奥运会，作为奥林匹克精神与古老的中华文明在东方的第一次相会，更为中国建筑师及世界各国建筑师们提供了展示建筑创作才华与智慧的机会：国内外的建筑师的合力参与，现代建筑形式与中国传统文化的结合，都赋予了北京奥运建筑迥异于历届奥运建筑的独特性，并将成为一笔丰赡的奥林匹克文化遗产和人类共享的世界建筑遗产。

　　随着2008年的到来，北京奥运会的筹备工作已进入决胜之年。而奥运会筹备工作的重头戏——奥运场馆建设，在陆续完成主要建设工程后，正在紧锣密鼓地进行后续工作，并抓紧承办测试赛的机会，对场馆设施和服务进行了最后阶段的至关重要的检测。奥运场馆的相继亮相，以及奥林匹克公园、国家会议中心、数字北京大厦、奥运村等奥运会的相关设施的落成，都为北京现代新建筑景观增添了吸引世人聚焦的亮点。而由著名建筑大师及建筑设计事务所参与设计的奥运场馆，诸如国家体育场（"鸟巢"）、国家游泳中心（"水立方"）等，更成为北京新的地标性建筑。

　　2008年北京奥运会新建场馆15处，改扩建场馆14处，临建场馆7处，相关设施5处。其中国家体育场、国家游泳中心、国家体育馆、北京射击馆、国家会议中心、奥林匹克公园、奥运村、媒体村、数字北京大厦等新建场馆以及相关设施，或者由世界上知名的设计师及事务所设计，或者拥有世界体育建筑中最先进的技术设备。无论从设计理念上，还是从技术层面上，这些建筑都承载了北京现代建筑的最新的信息，体现了北京奥运会"绿色奥运、科技奥运、人文奥运"的宗旨，成为2008年国际建筑界关注的热点。向世界展示北京奥运建筑、宣传奥运建筑也成为中国建筑界义不容辞的一项责任。

　　为共襄盛举，中国建筑学会与中国建筑工业出版社共同策划出版了这套"2008北京奥运建筑丛书"，以十卷精美的出版物向世界全面展现北京奥运建筑的风采。用出版物的形式记录北京奥运建筑的设计理念、先进技术、优美形象，是宣传和展示2008年北京奥运会的重要方式，这既为世界建筑界奉献了一套建筑艺术图书精品，也为后人留下了一份珍贵的奥林匹克文化遗产。

本套丛书共包括《梦寻千回——北京奥运总体规划》、《宏构如花——奥运建筑总览》、《五环绿苑——奥林匹克公园》、《织梦筑鸟巢——国家体育场》、《漪水盈方——国家游泳中心》、《曲扇临风——国家体育馆》、《华章凝彩——新建奥运场馆》、《故韵新声——改扩建奥运场馆》、《诗意漫城——景观规划设计》以及《再塑北京——市政与交通工程》十卷，从奥运总体规划到单体场馆介绍，全面展示了北京奥运建筑的方方面面。整套丛书从策划到编撰完成，历时两年。作为一项艰巨复杂的系统工程，丛书的编撰难度很大，参与编写的单位和人员众多，资料数据繁杂。在中国建筑学会和中国建筑工业出版社的总牵头下，丛书的编撰得到了住房和城乡建设部、北京奥组委、北京2008办公室及首都规划建设委员会的大力支持，更有中国建筑设计研究院、国家体育场有限责任公司、北京市建筑设计研究院、中建国际设计顾问有限公司、北京国家游泳中心有限责任公司、清华大学建筑设计研究院、北京清华规划设计院风景园林所、北京市政工程总院等分卷主编单位的热情参与，各奥运建筑的设计单位也对丛书的编撰给予了很大的帮助。作为中国建筑界国家级学术团体和最强的图书出版机构，中国建筑学会与中国建筑工业出版社强强联合，再借国内外建筑界积极参与的合力，保证了丛书的学术性、技术性、系统性和权威性。

本套丛书凝聚了国内外建筑界的苦心之思，也是中国建筑界奉献给2008年北京奥运会、奉献给世界建筑界的一份礼物。希望通过本套丛书的编撰，打造一套具有国际水平的图书精品，全面向世界展示北京奥运建筑风貌，同时也可以促进我国建筑设计、工程施工、工程管理以及整个城市建设水平的提升，促进我国建设领域与国际更快更好地接轨。

宋春华
建 设 部 原 副 部 长
中国建筑学会理事长
2008年2月3日

本 卷 序

2008年北京奥运会，对我国乃至首都北京都具有伟大而深远的意义。本届奥运会是新中国成立以来第一次主办的奥运会，并将成为奥运历史上参加国和运动员人数最多的一次奥运会。本届奥运会，亦将是我国社会主义建设和改革开放的成就向全世界展示的一次大好机会，对促进我国特别是首都北京各方面的建设事业进一步发展，包括物质文明建设和精神文明建设，将起到巨大的作用。

奥运场馆的设计和建设，也是历届奥运筹备工作中的大事，受到各国公众的关注。奥运场馆往往成为各届奥运会最引人注目的标志和象征。我们不容易记住一些项目打破世界（或奥运）记录是在何时何地，但大都能记起一些有特殊象征或突出的科技进步的奥运场馆。可以说，奥运场馆的设计和建造的历史，也是一部反映了现代建造技术进步和设计理念更新的历史。

中国建筑工业出版社拟出版"2008北京奥运建筑丛书"，我认为是一件十分有意义的事，它能全面、系统地展现2008奥运场馆的风貌，介绍场馆设计的新理念和最新科技的应用，这将对我国的建筑设计特别是体育建筑设计起到推动作用。

清华大学建筑设计研究院参与本丛书的编写工作，并负责第七卷《华章凝彩——新建奥运场馆》一书的编纂，是一件幸事。为此，我院领导邀请我为本卷写一篇序言。我想，一方面我院在2008年奥运场馆项目设计中取得了令人可喜的成绩，这是我院近年来在设计工作中的一次重大突破；另一方面，自2003年以来，我本人参与了奥运场馆建设规划以及相当多的主要场馆设计方案和初步设计的评审、设计优化等工作，也参与了奥运主体育场的方案设计竞赛。可以说，我确有奥运情结，对各项场馆的设计和建设比较关注，在此心情下，我欣然遵嘱命笔。

在本卷序言下笔之前，我浏览了一下2008奥运新建场馆的图录，心情十分振奋。我的感受有下列几点：

1）2008奥运新建场馆总计16个，这16个新建场馆中，除主场馆"鸟巢"与天津奥体中心等少数场馆外，绝大多数的新建场馆为我国本土建筑师所设计，场馆的主创人员及其他主要设计人员均为国内建筑师和工程师，这在一定程度上扭转了近年来国内大城市一些重大和高端项目大多由国外建筑师设计的情形，这次2008奥运场馆的建成，长了我国建筑界的志气，加强了我国建筑师们的信心，这的确反映出我国本土建筑师在设计理念上的创新精神以及设计技术上的进步和成熟，同时，也反映了在一定程度上我国设计团队在运营机制上与国际同行的同步和接轨。

2）2008奥运新建场馆在设计创意上都十分突出，而且大多数创意还结合了我国的文化传统精神，这也是国外建筑师往往不容易掌握的，例如"水立方"（国家游泳馆）、"奥林匹克之箭"（射击馆）、"扇舞乾坤"（国家体育馆）、"柔道之带"（柔道馆）、"小球旋风"（乒乓球馆）、"速度与头盔"（自行车馆）、"飞羽轻灵"（羽毛球馆）、"桨击潮白河"（水上公园）等等，这些富有想像力和浪漫气息，并结合比赛项目特征的创意构思，最能启发人们的联想，也最能突出设计的主题。我认为在具有标志性的一些体育建筑和文化建筑设计中，强调和重视具有想像力的构思理念，是可以的，也是应该的。如果纯粹是功能性的设计和技术上的成熟，而不反映主办国的地域文化传统意识，那历届奥运会的场馆岂不是越来越相似？那还有什么意思？奥运会本身的重要意义之一就是要充分体现出主办国的地域文化（开幕式就是最好的说明）。因此，我本人认为,本届奥运场馆设计中重现创意理念，正是重要的亮点之一。

3）2008奥运新建场馆的设计中，普遍重现环境保护和节能减排技术的应用，这是十分可喜的事情，也体现我国建筑师和工程师们既能遵照我国国策而且又勇于技术创新的精神。

4）值得一提的是，2008奥运新建场馆的设计和建造，都是本着"勤俭办奥运"的方针进行的。本届奥运新建场馆建设，没有超出原来预算，是一件十分可喜可贵的事情。在我们的记忆中，就最近几届奥运会来讲，巴塞罗那、悉尼、雅典奥运会后，主办方都为巨大的场馆建设赤字超支头疼不已，而2008年北京奥运会场馆建设能做到未超预算，真是一件具有重大意义的事，必然会给以后的奥运主办方留下深刻的印象。

一本书的序言，本可长可短，以短为佳。正因为2008年奥运新建场馆的设计和建设，内容极为丰富，值得说的和值得写的实在太多，情系之下，刹不住笔，一时写了许多，赶紧收笔，有不当之处，请读者指正。

胡绍学

中国工程设计大师
清华大学建筑设计研究院顾问总建筑师

目　　录

总　序

本卷序

编者导言

第 01 篇　北京射击馆 ··· 1

第 02 篇　北京奥林匹克篮球馆 ·· 33

第 03 篇　老山自行车馆 ··· 59

第 04 篇　顺义奥林匹克水上公园 ··· 99

第 05 篇　中国农业大学体育馆 ··· 131

第 06 篇　北京大学体育馆 ·· 145

第 07 篇　北京科技大学体育馆 ··· 175

第 08 篇　北京工业大学体育馆 ··· 209

第 09 篇　北京奥林匹克公园网球中心 ··· 225

第 10 篇　青岛奥林匹克帆船中心 ·· 255

第 11 篇　天津奥林匹克中心体育场 ··· 279

第 12 篇　秦皇岛奥林匹克体育中心体育场 ··· 297

后　记 ·· 311

编 者 导 言

　　本卷是"2008北京奥运建筑丛书"大型系列图书的第七卷。

　　根据总体编纂大纲的指导思想，本卷的定位遵照大纲集学术性、技术性、文献性为一体的基本原则，以图文并茂的方式将北京奥运会除国家体育场、国家游泳中心、国家体育馆之外的其他十二个新建场馆的建设历史、辉煌成就以及工程中的先进技术和经验记录下来，载入史册，以期能够为我国建筑设计、城市规划及建设行业的从业人员提供值得参考的技术资料，有助于提高我国的建筑技术和设计水平，促进我国建筑设计建筑技术更好地向国际先进水平接轨；向世界宣传中国奥运工程，弘扬中华民族的先进文化、先进技术，扩大我国的国际影响，对于中国走向世界、让世界了解中国有很强的推动作用，促进国际间科技文化的交流，进一步推动国际奥运事业的发展，并将为后人留下一份珍贵的奥运遗产。

　　以中国建筑学会和中国建筑工业出版社为主导，十几家参与奥运场馆设计和建设的单位共同组成的庞大编著阵容，以及有关领导的高度关注和众多院士、大师的倾力相助，给了我们编辑出版本卷图书的一份信心。

　　"2008北京奥运建筑丛书"大型系列图书第七卷《华章凝彩——新建奥运场馆》记录了北京射击馆、北京奥林匹克篮球馆、老山自行车馆、顺义奥林匹克水上公园、中国农业大学体育馆（奥运摔跤馆）、北京大学体育馆（奥运乒乓球馆）、北京科技大学体育馆（奥运柔道、跆拳道馆）、北京工业大学体育馆（奥运羽毛球、艺术体操馆）、北京奥林匹克公园网球中心、青岛奥林匹克帆船中心、天津奥林匹克中心体育场和秦皇岛奥林匹克体育中心体育场十二个场馆。

　　本卷由于涉及的场馆较多，各场馆投资、规划、设计、建设和运营的背景各不相同，为保证各场馆专篇的文字、图片及论述表达尽量均衡，本卷对十二个场馆的编纂体例作了统一的设定。全卷十二个场馆分为十二篇，每篇由项目总览、方案征集、建筑解读、技术设计、施工建设、三大理念实施、残奥会利用和后奥运时代的思考等八大部组成。

　　项目总览包括项目概况、项目信息两部分。全方位展示各场馆的建成效果，其中还包括奥运场馆建设者们的名录，在让后人记住这次奥运会的同时也记住那些为奥运奉献的人们。方案征集部分记录了每个场馆从设定任务书、方案公开招标、评审、修改到确定实施方案的全过程。奥运项目的每一位设计者都不曾忘记，那浸透着汗水和艰辛的日日夜夜，当然也更不会忘记那争论与思辨的幕幕场景。这些都成了记忆，然而写在纸上也就成了我们今天和日后一起回忆和分享那激情岁月的财富。

　　第三至第八部分是本卷各篇的核心部分。中标方案的分析、调整及深化，技术设计、施工建设，三大理念实施，残奥会利用和后奥运时代的思考，全方位地展现和剖析了项目的设计、建设和实施的过程以及技术关键点。在中央"节俭办奥运"的指示精神下，北京奥运场馆曾经历了"瘦身"的调整过程。几乎所有的设计师们都被要求面对已经完成或将要完成的设计图纸，在规定的时间内，在不影响奥运大纲的功能要求的前提下减掉若干面积，减掉若干用钢量，减掉若干投资，并因此而重新设计平面、剖面，重新研究和创作立面造型，这不能不说是奥运项目设计中的一次体力和心理的历练。对其过程的记录不仅是一个成功项目蜕变的过程，也是参与的建筑师和设计师们的成长记录。它极富感染力。

2008北京奥运项目可以说是一次高科技的荟萃。不仅在大跨度结构技术方面我们有了突破，在外围护结构的智能化设计、建筑的绿色生态策略的应用、新能源系统的选择、绿色照明、人性化设计以及施工工艺等方面都接近了甚至达到了国际水平。每一个项目的技术专篇就是一篇有分量的科技论文，显示着中国特色的奥运精神和我国当今建筑科技发展的最高水平。这是一次建筑新材料、新技术、新工艺和高效施工管理模式的巡礼。

"绿色奥运、科技奥运、人文奥运"三大理念是2008北京奥运的宗旨。它不是一句简单的口号，而是实实在在的设计和技术手段的落实。"三大理念实施"将讲述各场馆从规划设计到施工运营及赛后利用全过程的落实情况，它彰显了北京奥运场馆的特色，契合全球发展的脉搏，体现了我们奥运工作者对人类环境负责任的态度。

奥运会设施的建设是一项一次性投资巨大的人工环境实施项目，它不仅耗费巨大的人力、财力和物力，还给人类环境带来巨大的压力和影响。如何在十六天短暂的奥运会比赛结束之后让这些场馆还能发挥其积极的社会效益、环境效益和经济效益，这是所有奥运场馆建设者必须考虑的问题。北京奥运会在场馆赛后利用的研究和实施中又作出了她巨大的、建设性的贡献。这些工作成果也在"后奥运时代的思考"中进行了详细的论述。

愿我们以及所有提供素材的参编者们的努力是有效的，它包括本卷中所记录的十二个场馆的信息数据，十二个场馆的规划、设计、施工和运营的记录，十二个场馆的技术要点以及十二个场馆建设中所发生的故事。愿本卷与其他各卷所构成的"2008北京奥运建筑丛书"大型系列图书对人类奥运发展史有所贡献，对世界的建筑发展有所贡献，对人类环境的和谐持续发展有所贡献。

庄惟敏

清华大学建筑设计研究院院长
院总建筑师

2008年6月28日于北京

第 **01** 篇

北京射击馆
Beijing Shooting Range Hall

项目总览
Project Review

1. 项目概况

建设用地位于北京市石景山区福田寺甲3号，原国家体育总局射击射箭运动中心园区南侧，南邻香山南路，北靠翠微山脉，绿树环绕，环境优美。总用地面积约6.45hm²，总建筑面积47626m²。建设项目包括资格赛馆、决赛馆、永久枪弹库及室外配套设施，是2008年北京奥运会新建的主要比赛场馆之一。该馆承担奥运会10m、25m、50m步枪和手枪的比赛，还可承担残奥会、世界射击锦标赛等国际、洲际赛事，也将是国家射击队的常年训练基地。

建筑强调传承运动文化，提升运动精髓，以"林中狩猎"为设计理念，体现回归自然、回归人性的建筑设计思想。建筑中引入阳光、绿树、风等自然元素，营造生态宜人、清新健康的室内外环境，将射击比赛精准、细致的人文精神表达出来，致力营造细腻安静的环境，给人以放松亲切的精神感受，让来馆的运动员、观众感受到回归射击运动本源的人本境界。

1-01 射击馆全景

1-02 射击馆主入口

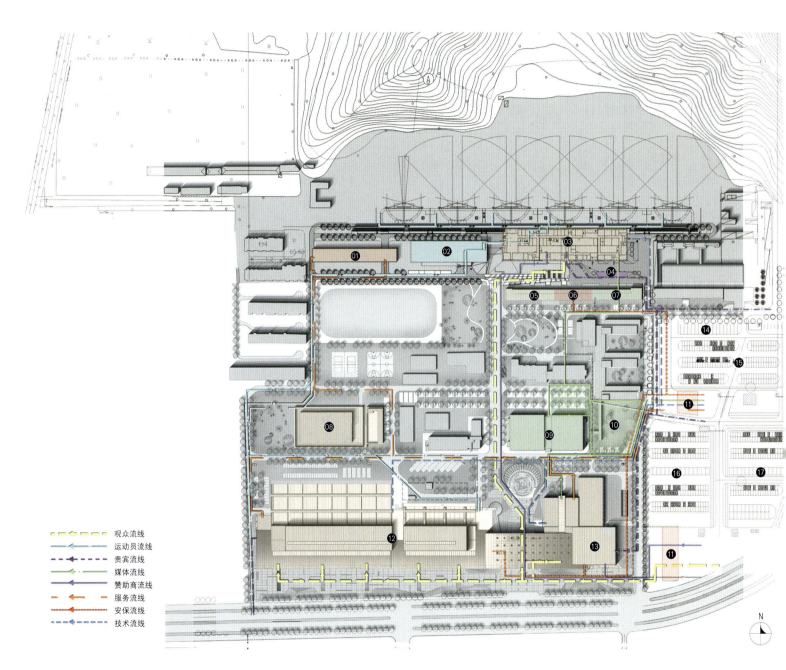

1-03 射击馆赛时总平面图

01 后勤服务中心
02 运动员用房
03 新建飞碟靶用房
04 贵宾停车场
05 观众用房
06 安保用房
07 媒体用房
08 枪弹库
09 二层分新闻中心
10 广播电视综合区
11 安检大厅
12 预赛馆
13 决赛馆
14 贵宾停车场
15 媒体、服务、安保、技术等停车场
16 赞助商停车场
17 观众停车场

1-04 资格赛馆观众入口

1-05 主入口广场南侧夜景

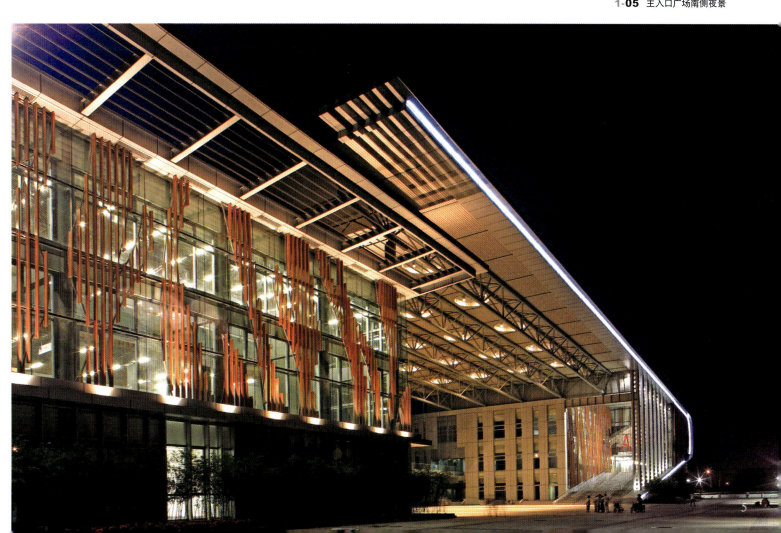

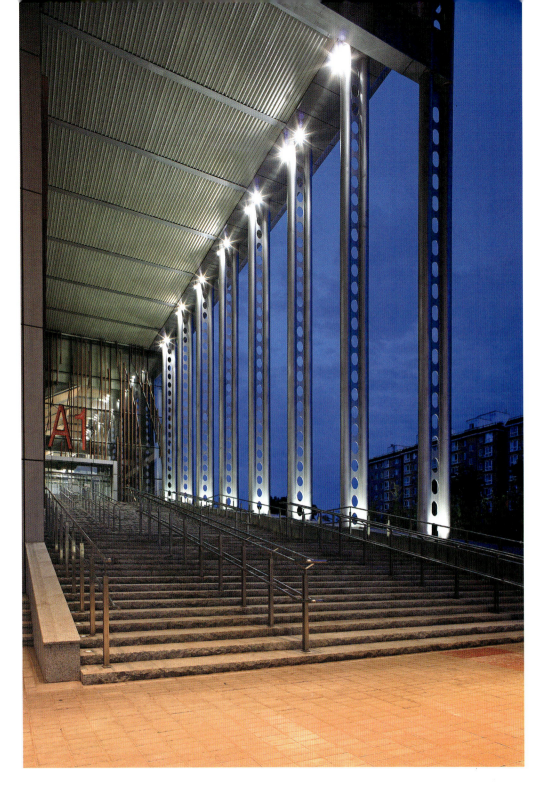

1-06 决赛馆观众主入口大台阶侧视夜景

1-07 从决赛馆主入口看资格赛馆夜景

1-08 主入口广场及天桥

1-09 决赛馆大弓弩局部

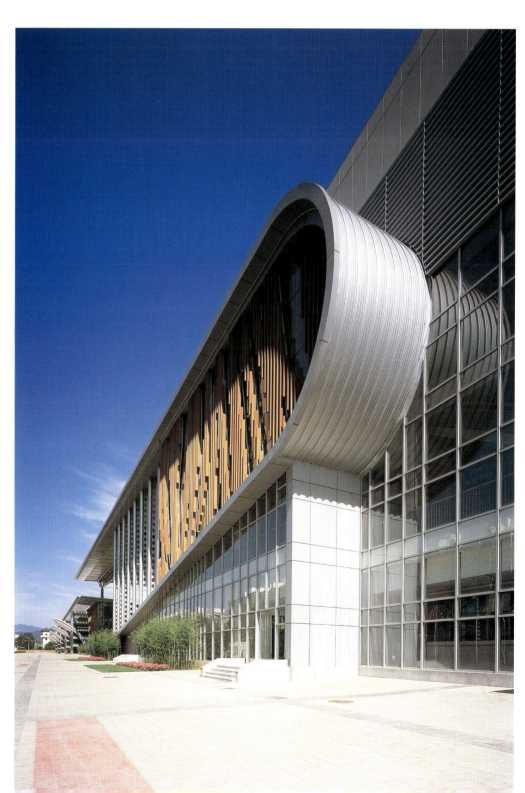

2. 项目信息

(1) 经济技术指标

建设地点：北京市石景山区福田寺甲3号

奥运会期间的用途：奥运会步枪、手枪项目射击比赛场馆

奥运会后的用途：国家射击队训练基地，部分对外开放

观众座席数：

- 资格赛馆共有观众座席6491座

    其中，固定座席1024座，临时座席5467座

- 决赛馆共有观众座席2493座

    其中，固定座席1179座，临时座席1314座

檐口高度：资格赛馆18m，决赛馆24m

层数：

- 资格赛馆比赛厅2层，观众休息厅3层
- 决赛馆比赛厅1层，辅助部分4层 地下1层

占地面积：6.45hm^2

总建筑面积：47626m^2

　　其中，地上建筑面积45372m^2，地下建筑面积2254m^2

建筑基地面积：31916m^2（含室外靶场占地）

道路、停车、广场面积：13184m^2

绿化总面积：19400m^2

绿化率：30.1％

容积率：0.73

建筑密度：49.50％

机动车停放数量：150 辆

(2) 相关设计单位及人员

设计单位：清华大学建筑设计研究院

主要设计人：庄惟敏、祁斌、汪曙、张红、叶菁、徐金华、宋燕燕、李文虹、鲍承基等

方案征集
Draft Plan

1. 任务及方案征集概述

竞赛大纲要求，在国家体育总局射击射箭运动中心现有园区南侧的新征约6.5hm²用地内建设2008奥运会射击馆。北京射击馆分资格赛馆和决赛馆两部分，资格赛馆设有50m靶位80组，25m靶位14组，10m气枪靶位60组以及10m移动靶位8组。决赛馆设置10m、25m、50m封闭套用场地，共设有靶位10组，其中8组用于比赛，2组备用。资格赛馆设固定座席1000座，临时座席5500座，决赛馆设置固定座席1000座，临时座席1500座。建筑限高18～24m。承担2008年奥运会步枪、手枪的射击比赛，奥运会后可承担重大比赛（世界射击锦标赛及其他国际赛事），承办国内射击赛事，作为国家射击一队、二队常年训练基地、青少年培训基地和国防教育基地，推广公众射击体育运动。竞赛有7家单位参加，其中国外4家，国内3家。经专家评审，清华大学建筑设计研究院、澳大利亚GSA设计公司提出的设计方案入围优胜。经方案优化调整，确定清华大学建筑设计研究院的方案为中标实施方案。

2. 中标方案

建筑立意于表达从大地生长而起的理念，以刚性的体块为建筑母题，通过几何形体的切削、穿插、组合，展现跟大地紧密相连，又具有丰富的表情和雕塑感的建筑形态。借助几何形体的表现力，展现运动的力量、精准，以强健的建筑体量给人以奥林匹克的动感力量。建筑功能组织简洁，流线体系清晰，逻辑关系明确，空间关系流畅。通过简洁的剖面空间组织，将大尺度的建筑功能统一系统化处理，形成便捷、简洁、方便识别的基本空间布局。为资格赛馆与决赛馆之间设置二层联系的天桥，有效解决了两馆之间的联系以及观众与运动员流线交叉的问题。建筑内部引入了室内中庭、景观内院等做法，形成有特色的内部空间，易于充分利用自然采光、通风，为建筑节能打下良好的空间基础。资格赛馆采取了将10m靶场置于二层的做法，十分有利于节地、提高建筑使用效率。

1-10 日景鸟瞰效果图

1-11 透视效果图

1-12 夜景透视效果图

1-13 广场效果图

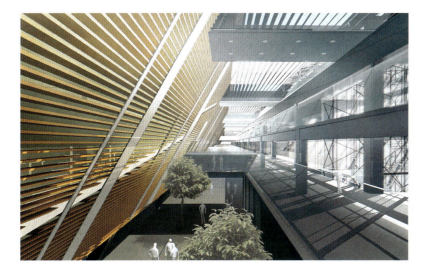

1-14 室内效果图

1-15 立面图

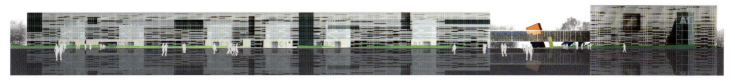

南立面图

西立面图

东立面图

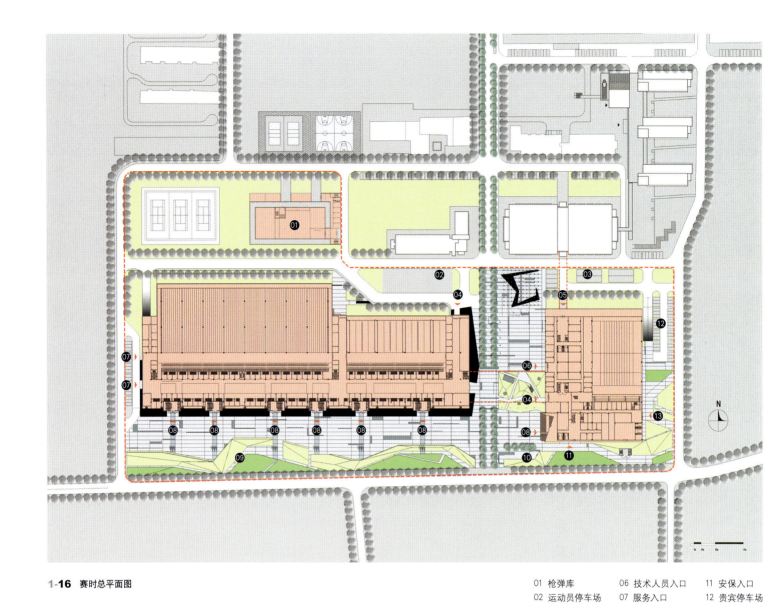

1-16 赛时总平面图

01 枪弹库　　06 技术人员入口　　11 安保入口
02 运动员停车场　07 服务入口　　　12 贵宾停车场
03 媒体停车场　　08 观众入口　　　13 贵宾入口
04 运动员入口　　09 预赛馆广场
05 媒体入口　　　10 决赛馆广场

1-17 赛后总平面图

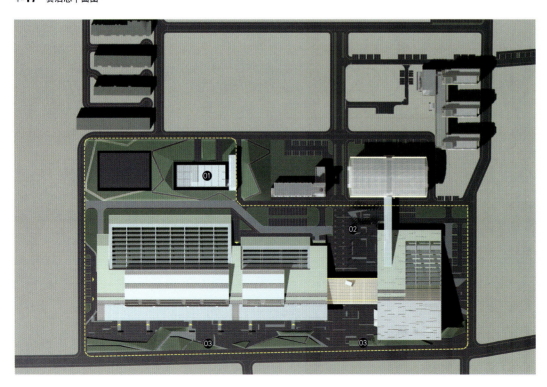

01 枪弹库
02 内部广场
03 外部广场

建筑解读
Architectural Analysis

1. 方案深化

由于过分强调建筑体量的表现力，原方案会带来建筑造价、空间使用效率方面的问题，尤其本工程为全额国家投资，对工程造价、面积指标有严格的控制，需要实施方案有效控制面积指标，控制投资。在结构体系中，原方案整体斜面布置的结构体系会造成比较大的结构困难，增加建筑造价。建筑地处西山风景区，过分几何人工化的建筑体形在融合环境方面也存在困难。修改方案继承原中标方案整体的功能布局、空间及流线组织关系，进行了多方案的比较研究，重点在建筑形体及表皮处理上下功夫。

1-18 修改方案1 鸟瞰图

1-19 修改方案1 透视图

1-20 修改方案2 鸟瞰图

1-21 修改方案2 透视图

1-22 修改方案3 鸟瞰图

1-23 修改方案4 鸟瞰图

1-24 修改方案3 透视图

1-25 修改方案4 透视图

1-26 修改方案5 鸟瞰图

1-27 修改方案6 鸟瞰图

1-28 修改方案5 透视图

1-29 修改方案6 透视图

2. 方案调整

实施方案以"林中狩猎"为理念,更加强调建筑的人性化色彩,减少了建筑的刚性色彩,强调给人以温暖、舒适、亲切的感受。建筑外部形态构思延续"林中狩猎"的设计理念,在建筑形式上呼应原始狩猎工具——弓箭的抽象意向。资格赛馆与决赛馆之间的联系部分是整个射击中心园区的入口,建筑设计采用将屋面与入口台阶连成整体的处理手法,由此形成的折线弧形开口成为整个建筑群特征鲜明的母题,在资格赛馆水平延伸的形体断面以及五个主要观众出入口处重复呼应弧形母题。在二层、三层主要观众休息区域的幕墙外侧,采用铝型材热转印木纹肌理竖向遮阳百叶的处理方式,形成引发人们联想的抽象的森林意向。

1-30 实施方案鸟瞰图

1-31 实施方案资格赛馆入口透视图

1-32 实施方案夜景透视图

1-33 模型照片

技术设计
Technology Design

资格赛馆采取了四个靶场分两层竖向叠摞的布置方式，一层为25m、50m两个半露天靶场，二层为10m靶、10m移动靶两个室内靶场。资格赛馆内部从北向南，分别设置靶场射击区、裁判区、观众座席区、绿色中庭、观众休息厅等几个功能分区，保证全部靶位南北向的均好性。结构设计配合上下层靶位的不同宽度模数关系，设置大跨度柱网体系，在同一组比赛靶位内实现无柱空间。在二层比赛区域采用了大跨度的单向预应力空心楼板，楼板尺寸为23.7m×117.6m，厚度为700mm，成功地实现了大跨度室内无柱比赛场地，而且防振动效果良好。

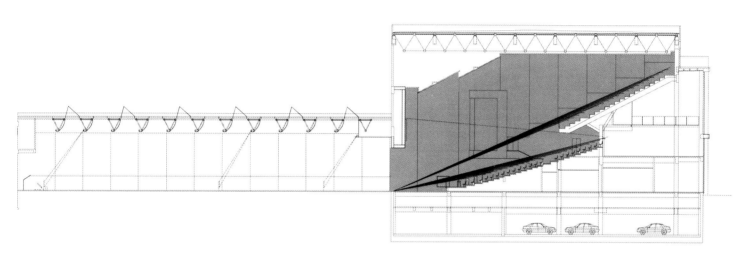

决赛馆剖面图

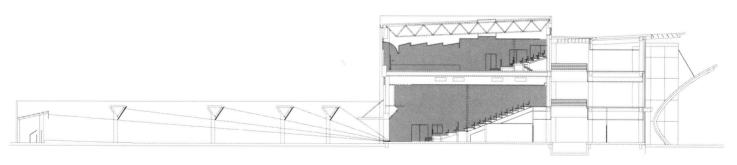

资格赛馆剖面图

1-34 竖向叠摞的布置方式

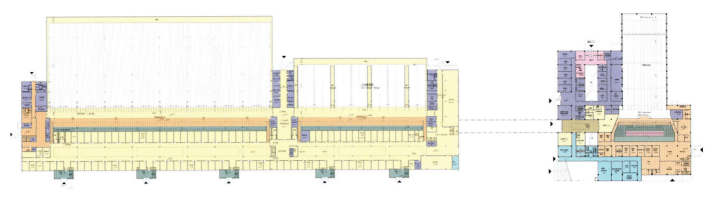

一层平面图

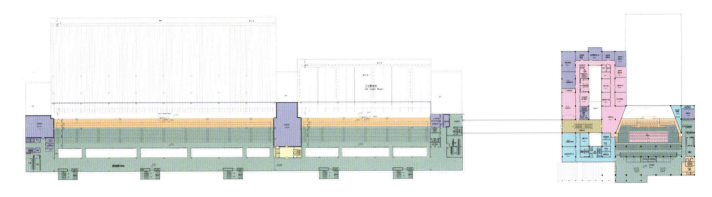

二层平面图

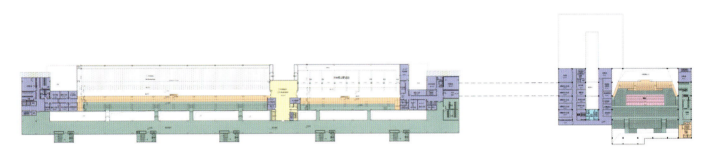

三层平面图

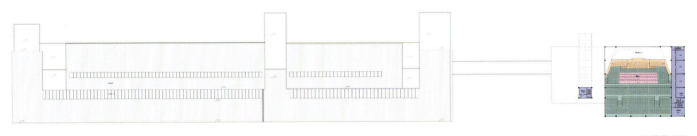

四层平面图

1-35 功能平面图

图例：
- 媒体区
- 运动员区
- 贵宾区
- 观众区
- 技术管理区
- 决赛混合区
- 安全与保卫区

决赛馆设置靶套用比赛场地，观众与运动员、赛事组织管理人员采用立体分流方式组织交通流线，保证各部分各行其能，互不干扰。举行大型赛事时，运动员可以通过空中连廊由资格赛馆进入决赛馆，避免携带枪支的运动员与观众混流。

在资格赛馆中，将运动员休息准备区与观众休息厅设置在同一个空间内，观众可以通过贯通的中庭从上方俯视运动员休息区，欣赏到运动员准备比赛和在比赛间隙的活动。这种将运动员准备比赛的"后台"展现给观众的做法，给去北京射击馆现场观赛的观众提供了前所未有的观赏视角，增加了现场观赛的趣味性。

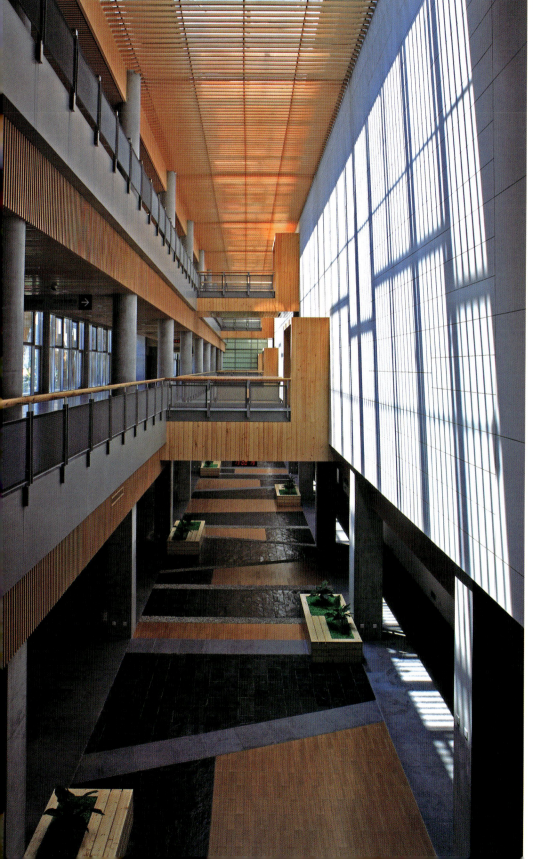

1-36 资格赛共享休息区

1-37 资格赛馆比赛厅入口局部

1-38 资格赛馆观众入口

1-39 决赛馆观众休息厅

建筑整体风格自外延续到内,室内设计中将运动本质的"质朴"、"自然"、"力量"、"平静"等元素加以发挥,体现出"质朴运动精神"、"自然的回归"、"内在力量的再现"这样的设计主题,呼应建筑"表现原始张力"的弧形语言,加以强调,成为室内空间设计的控制元素。设计中尽量表现建筑结构自身的质感,对结构材料、构造做法进行真实的再现,强调还原材质自身的表现力,运用了诸如木材、清水混凝土、青石、木地板、卵石等多种自然的材料,传达建筑由外到内统一的建筑语言和一致的建筑人文意境。

1-40 决赛馆建筑局部　　1-41 决赛馆观众休息厅

1-42 决赛比赛区域全景

射击馆各赛场安装的"电子靶计时记分系统"是目前世界上最先进的射击比赛计时记分系统。该系统采用超声波定位技术与多媒体信息技术，能自动采集射击信息，精确记分，实时统计、显示各靶位的射击分数，决赛馆电子靶计时记分系统还能实时显示各靶位射击的弹着点。其成绩统计精确度、保留信息的完整度都是目前世界同类场馆中最先进的。

1-43 内外交融的空间设计 决赛馆外景

三大理念实施
Three Concepts Realization

建筑中引入阳光、绿树、风等自然元素，营造生态宜人、清新健康的室内外环境，与外部自然环境相融合。建筑设计打破了室内与室外环境的严格界限，通过"渗透中庭"、"呼吸外壁"、"室内园林"等建筑、空间元素将自然环境引入室内，实现室内外空间相互渗透。

节能设计立足于通过合理的建筑空间布局，让建筑各个部分处于合理的使用条件下，降低建筑的环境负荷。还运用成熟、可靠的生态建筑技术，充分利用阳光、雨水、自然风等可再生资源，解决射击馆空调、用水、用电等能源问题。如"生态呼吸式幕墙"、清水混凝土外挂板、大跨度预应力空心楼板、浮筑式楼板、开放式空调、"生态肾"毛管渗滤中水处理系统等都是具有创新意义的技术运用，还采用了雨水收集、太阳能集热生活热水、太阳能光伏发电、LED节能景观照明等措施。主要的比赛大厅都实现自然通风、采光、排烟，比赛区设置了既能够防止跳弹，又能够引入自然光线的挡弹板组合天窗。资格赛馆10m靶比赛厅受弹靶位上方设置装有特殊形状反光板的顶侧采光窗，保证自然光线亮点集中在距地1.4m高的靶心位置，加上运动员射击区设置的屋面自然采光，在平时训练时，不采用人工照明措施，就能够满足训练要求，使用效果良好。

1-44 阳光渗透 资格赛馆比赛厅观众入口

1-45 呼吸幕墙内景

1-46 资格赛馆呼吸幕墙外挂百叶

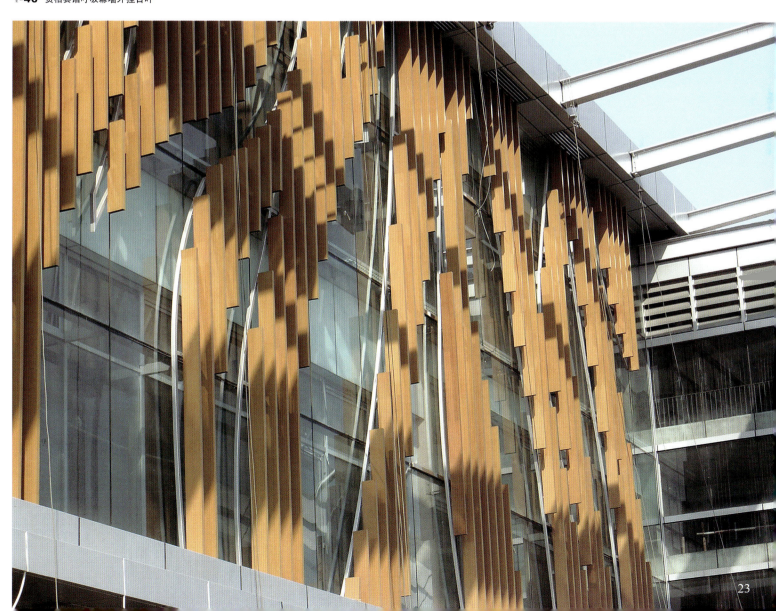

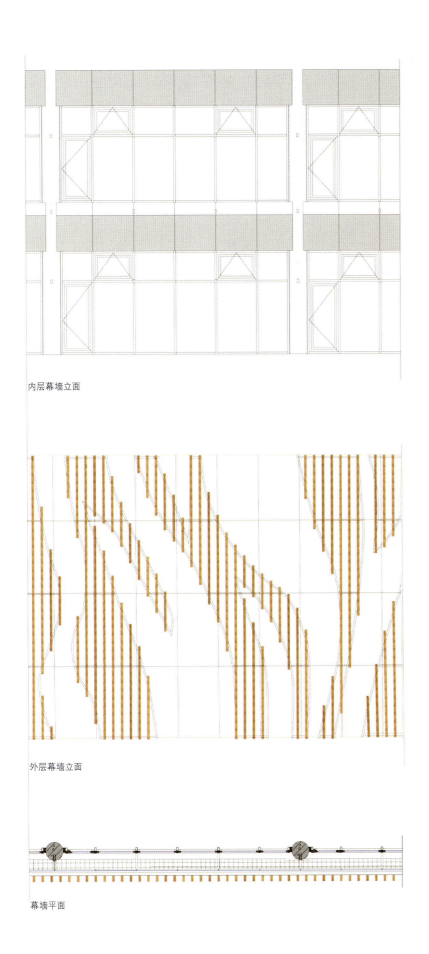
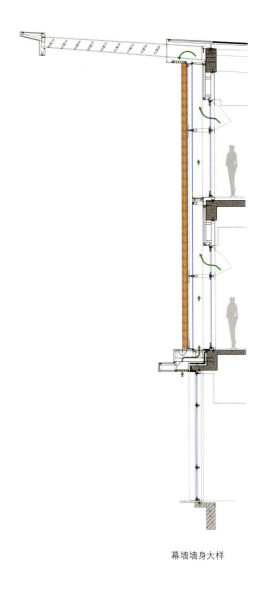

内层幕墙立面

外层幕墙立面

幕墙平面

幕墙墙身大样

1-47 整体生态呼吸幕墙详图

1-48　生态呼吸式遮阳幕墙细部模型

1-49　资格赛馆呼吸幕墙夹层内部

1-50　资格赛馆呼吸幕墙外层玻璃安装

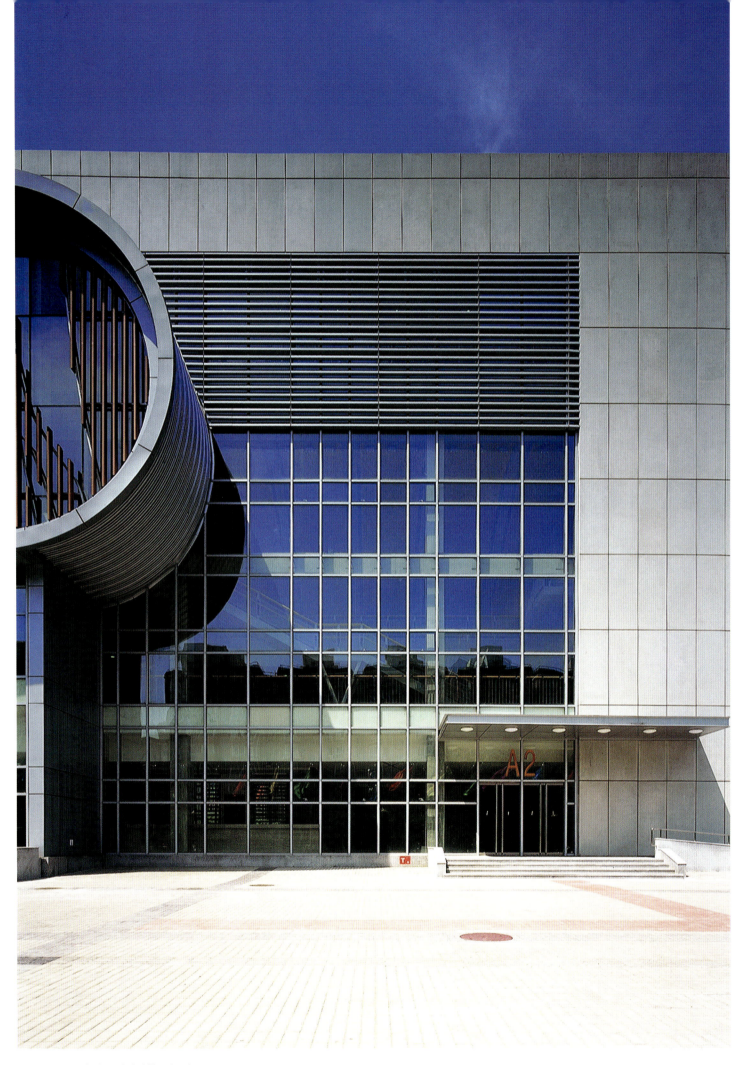

1-51 决赛馆局部清水混凝土外挂板墙面外观

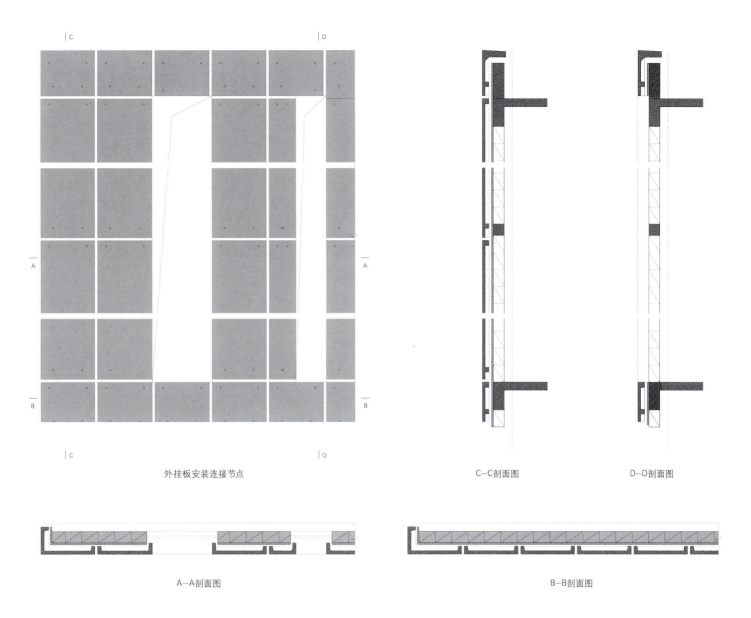

外挂板安装连接节点　　　　　　　　　　C–C剖面图　　　D–D剖面图

A–A剖面图　　　　　　　　　　　　　　B–B剖面图

1-52 预制混凝土挂板详图

1-53 决赛馆清水混凝土外挂板外墙　　　　　　　　　　**1-54** 延伸到室内的预制混凝土外挂板外墙

1-55 工厂预制好的清水混凝土挂板

1-56 决赛馆外挂板施工

1-57 挡弹及吸声做法详图

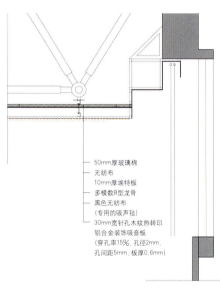

- 50mm厚玻璃棉
- 无纺布
- 10mm厚埃特板
- 多模数B型龙骨
- 黑色无纺布（专用的吸声毡）
- 30mm宽针孔木纹热转印铝合金装饰吸音板（穿孔率15%，孔径2mm，孔间距5mm，板厚0.6mm）

决赛馆顶棚大样图

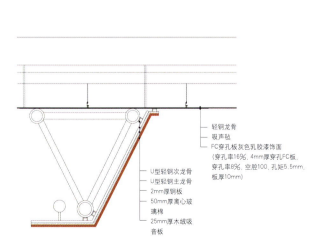

- 轻钢龙骨
- 吸声毡
- FC穿孔板灰色乳胶漆饰面（穿孔率16%，4mm厚穿孔FC板，穿孔率8%，空腔100，孔矩5.5mm，板厚10mm）
- U型轻钢次龙骨
- U型轻钢主龙骨
- 2mm厚钢板
- 50mm厚离心玻璃棉
- 25mm厚木绒吸音板

套用场地顶棚防跳弹构造

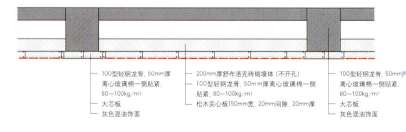

- 100型轻钢龙骨，50mm厚离心玻璃棉一侧贴紧，80~100kg/m³
- 大芯板
- 灰色混油饰面
- 200mm厚舒布洛克砖砌墙体（不开孔）
- 100型轻钢龙骨，50mm厚离心玻璃棉一侧贴紧，80~100kg/m³
- 松木实心板150mm宽，20mm间隙，20mm厚
- 100型轻钢龙骨，50mm厚离心玻璃棉一侧贴紧，80~100kg/m³
- 大芯板
- 灰色混油饰面

套用场地侧墙大样图

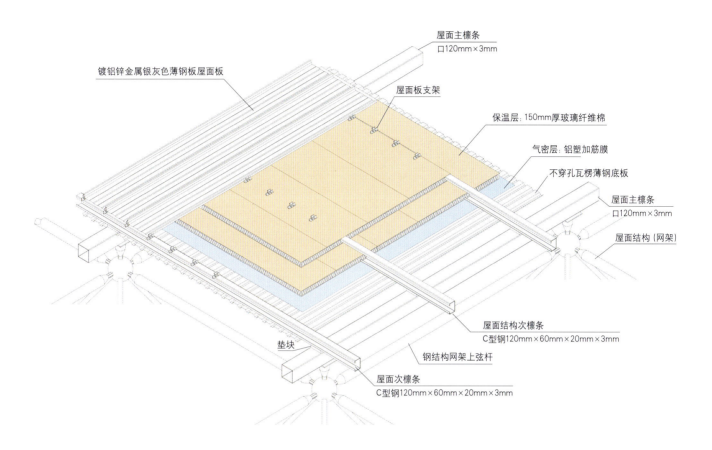

1-58 屋面隔声隔热做法详图

1-59 资格赛馆10m馆反射采光实际效果

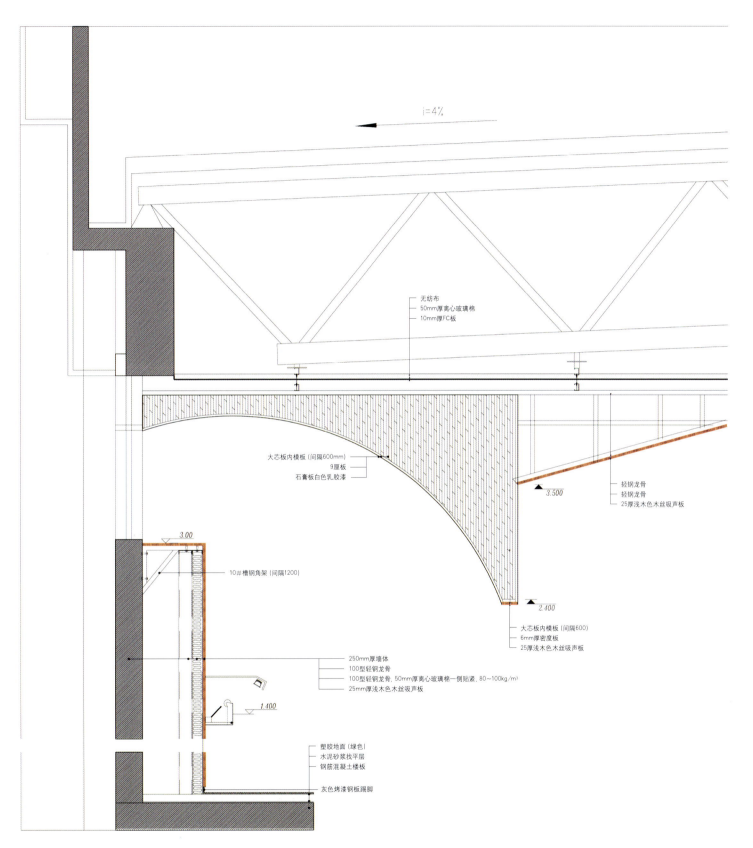

1-60 资格赛馆10m馆反射采光局部详图

残奥会利用
Paralympic Function

建筑主体严格按照大纲要求的残疾人设施和残奥会的专项要求设置相关的设施。所有运动员、观众、媒体、运营、官员等主要流线都采用无障碍设计，或设置无障碍通道，保证各个区域的可达性。为残疾人设置了专用的无性别卫生间、带陪护的专用座席、残疾人专用电梯、地面盲道等设施。为保证残奥会的使用，局部预留了改造条件，比如改造增加带陪护的专用座席、局部设置临时无性别卫生间等。

后奥运时代的思考
Post-Olympic Thoughts

1.运营设计与赛后利用

建筑设计面向奥运会比赛要求，也充分考虑赛后作为国家队训练基地的要求，并考虑其他部分面向社会开放使用的可能性。赛后面向内部的射击训练设施都集中在建筑北侧，为奥运会大量观众观赛设置的观众活动区都集中在面向城市道路的设施的南侧，这样待奥运会比赛结束后，在保证北侧面向园区作为内部的训练基地的功能不受影响的前提下，南侧面向外部的观众活动区可以进行面向社会的赛后改造利用，可以作为展示、商业、公共活动空间。资格赛馆与决赛馆中，固定座席和临时座席都被设计为完整的区域，当大型赛事结束后，钢结构的临时座席可以被整体拆除，从而获得完整的大空间，利于灵活改造利用。

2.场馆使用的社会化

我国实行非常严格的枪支弹药管理制度，射击项目是一个管理非常特殊、并不十分大众普及的运动项目。射击馆除了作为奥运比赛场馆，还将是国家射击队的常年训练基地，对公众开放成射手俱乐部及射击博物馆，成为爱国主义和国防教育的基地。

第 **02** 篇

北京奥林匹克篮球馆
Beijing Olympic Basketball Gymnasium

项目总览
Project Review

1. 项目概况

五棵松文化体育中心建设用地位于北京市区西部，复兴路（西长安街延长线）以北，西四环路以东，西翠路以西，总用地约52.0377hm²。北京奥林匹克篮球馆位于五棵松文化体育中心东南部，其简洁的体量，开放独特的室外广场——多用途的景观文化广场独树一帜，给人们留下深刻印象，并成为整个文化体育中心的重心。北京奥林匹克篮球馆的方案构思基于创造一个功能合理、经济实用、美观大方的西部地区标志点。

北京奥林匹克篮球馆为一个130m×130m×37.36m的方形体量，坐落在一个矩形下沉广场中。下沉广场满足奥运赛时各特殊人员交通疏散功能，室外广场在奥运赛时南面主要供篮球馆观众疏散，东、西、北三面部分用地将作为奥运后院使用。赛后，该广场除作为疏散广场外，同时还可以在平时为群众提供一个进行文化活动和休憩的室外空间。篮球馆南面有一个热身场，赛后可举行小型体育比赛（非正式比赛），其屋顶为观众从南侧室外广场进入首层观众休息大厅的入口通道。另外，篮球馆东、西、北三面还设有大桥，观众也可直接通过大桥从室外进入首层观众休息大厅。篮球馆观众休息大厅有两层，分别为首层观众休息大厅和三层观众休息大厅，观众可由这两层观众休息大厅分别进入下层观众看台和上层观众看台，在两层看台之间设有赞助商包厢层。赛时各特殊人员可从下沉广场进入竞赛层，竞赛层和比赛场地同层，方便使用。

北京奥林匹克篮球馆作为一个高质量的篮球馆，在2008年奥运会期间满足篮球比赛的要求，在赛后将成为NBA比赛场馆，并设有室内冰场，进行各种冰上表演。

2. 项目信息

(1) 经济技术指标

建设地点：北京市海淀区五棵松

奥运会期间的用途：篮球比赛

奥运会后的用途：NBA比赛及冰上表演

观众席位数：赛时16408个，赛后14868个

建筑高度：27.4m（相对于街道面）

层数：地上6层，地下1层

占地面积：19.1087hm²

总建筑面积：63000m²

其中，地上建筑面积55441m²

建筑基底面积：19613m²

绿化率：30%

容积率：0.33

机动车停放数量：136辆标准小客车（不含篮球馆举行重大活动时的临时停车）

(2) 相关设计单位及人员

设计单位：北京市建筑设计研究院

主要设计人：胡越、顾永辉、邰方晴、罗靖、宋予晴、游亚鹏、孟峙、徐奕、张芳等

方案征集
Draft Plan

1. 任务及方案征集概述

此次全球方案征集的内容包括两大部分，即五棵松文化中心总图规划和篮球馆个体概念设计。五棵松文化体育中心是除奥运会中心区之外奥运项目最集中的一块用地，中心区内包括五棵松体育馆即北京奥林匹克篮球馆、五棵松棒球场和垒球场。五棵松体育中心在奥运期间将举办篮球、棒球和垒球三项赛事，奥运会后将成为北京西部社区的重要体育健身场所。篮球馆奥运会后还将建设2万m²的游泳中心和2万m²的文化中心及配套商业设施。体育中心内的主要建筑为北京奥林匹克篮球馆，该馆可容纳18000名观众，将是一个设施完善的大型体育馆。

2-01 全景鸟瞰图

2. 中标方案

篮球馆实施方案由瑞士BP公司设计，该设计构思新颖、大胆，方案的主要设想是将一个大型综合商业设施放在1.8万人的篮球馆的屋顶上，从而形成一个综合体。商业设施和篮球馆在功能上相互补充，通过此手法试图解决大型体育场馆的赛后运营问题。基于这一设想，该方案存在下列几个特点：

建筑共分三个层面：第一个层面位于地下18m处，为篮球馆的竞赛层，第二个层面位于下沉广场（-8m标高），此层为观众的主入口层，下沉广场开口尺寸为400m×220m，观众主要从下沉广场南侧的大坡下至下沉广场底部，第三个层面为篮球馆上部设置一个6层高的综合商业设施。

建筑顶部有一个10m高的结构层，上部6层商业设施及篮球馆的屋顶用12个双曲面体悬吊在此结构层上。

建筑体形为一个方柱体，四个立面均为Led屏，该建筑的立面是一个多媒体的外墙。

2-02 总平面图

2-03 方案效果图

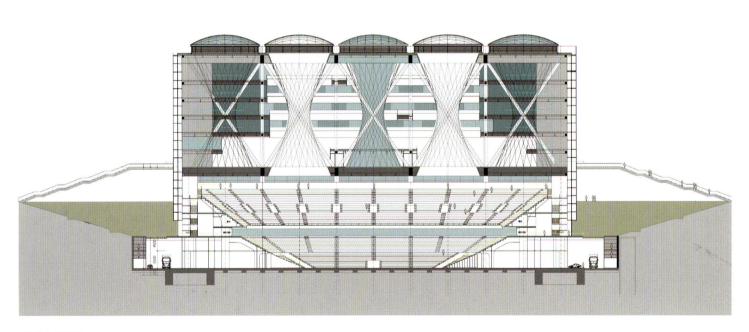

2-04 剖面图

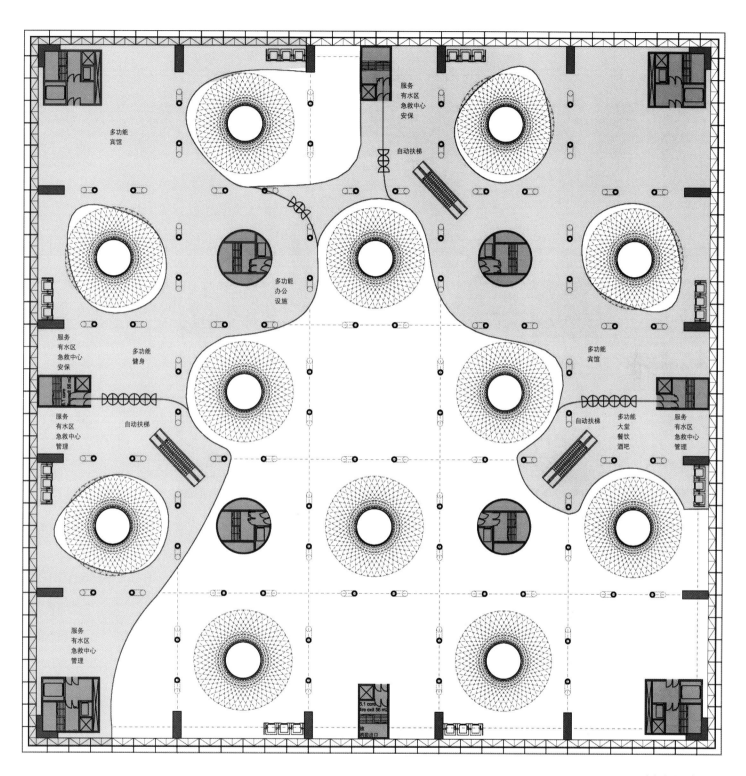

2-05 上部商业设施平面图

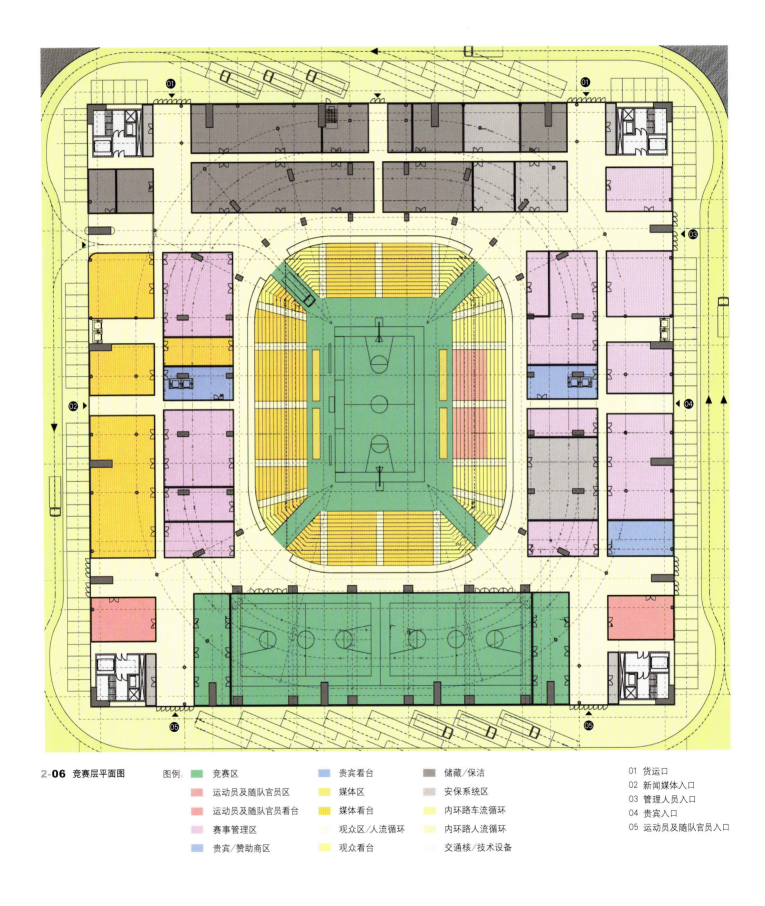

2-06 竞赛层平面图　图例:
- 竞赛区
- 运动员及随队官员区
- 运动员及随队官员看台
- 赛事管理区
- 贵宾/赞助商区
- 贵宾看台
- 媒体区
- 媒体看台
- 观众区/人流循环
- 观众看台
- 储藏/保洁
- 安保系统区
- 内环路车流循环
- 内环路人流循环
- 交通核/技术设备

01 货运口
02 新闻媒体入口
03 管理人员入口
04 贵宾入口
05 运动员及随队官员入口

建筑解读
Architectural Analysis

1. 方案深化

中标方案存在下列问题：

- 6万m²的商业综合体位于一个1.8万人的篮球馆上方，若两个设施同时使用，两套交通流线是否能同时运营是该方案面临的最主要的问题。
- 几个双曲面体的结构作用以及采光、通风等是否能满足部分工程的要求。
- 上部商业设施中的流动空间在使用上存在较大问题。
- 由于该建筑功能复杂，人流量大，给消防设计带来很大困难。
- 外立面Led大屏幕在资金投入、运营时对周围环境的影响、可视范围、经济效益等诸多方面均面临较大的挑战。

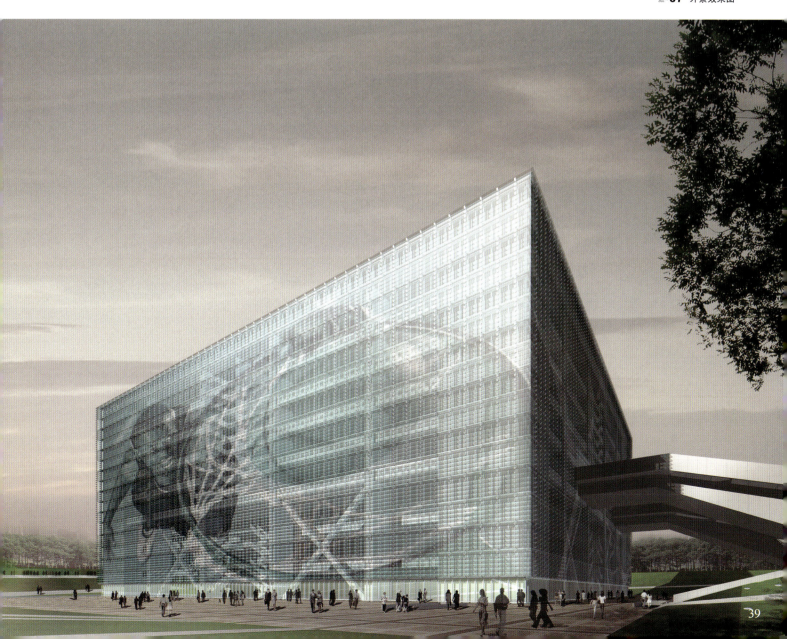

2-07 外景效果图

2-08 商业中心

2-09 商业中心

2-10 剖面图

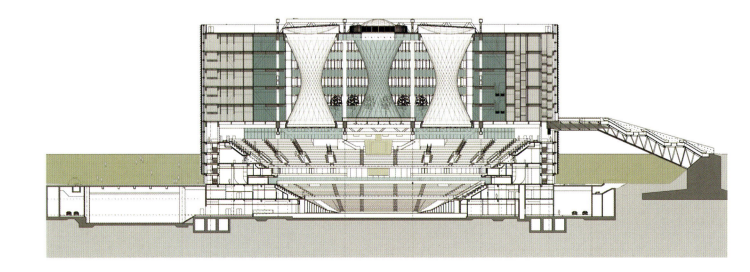

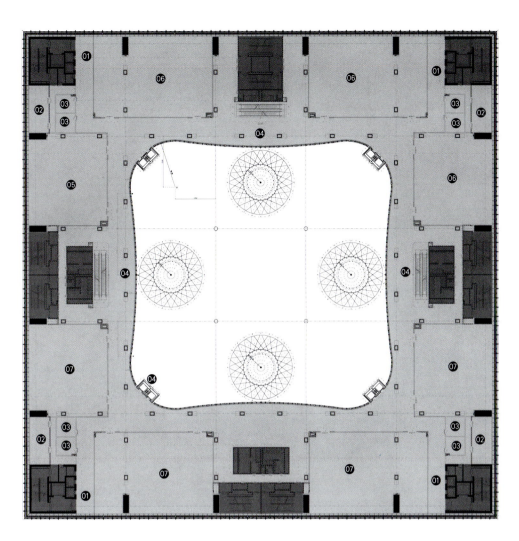

01 电梯厅
02 空调机房
03 办公
04 走廊
05 特许体育用品专卖店
06 篮球用品专卖区
07 NBA专营区

2-11 商业层平面图

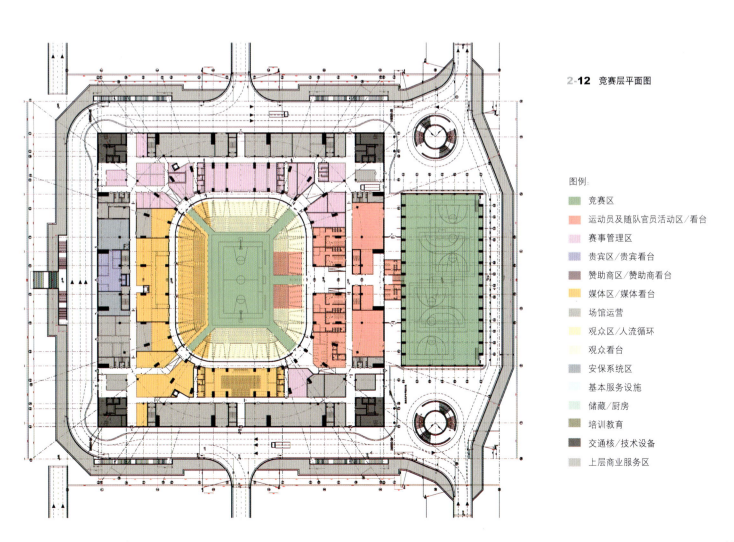

2-12 竞赛层平面图

图例:
- 竞赛区
- 运动员及随队官员活动区/看台
- 赛事管理区
- 贵宾区/贵宾看台
- 赞助商区/赞助商看台
- 媒体区/媒体看台
- 场馆运营
- 观众区/人流循环
- 观众看台
- 安保系统区
- 基本服务设施
- 储藏/厨房
- 培训教育
- 交通核/技术设备
- 上层商业服务区

2. 方案调整

为了落实"节俭办奥运"的政策，北京奥林匹克篮球馆进行了重大的方案调整，主要有以下几个方面：

· 将原篮球馆上部的6万多平方米的体育产业用房移走。

· 简化钢结构。

· 将竞赛层抬高7.8m，观众大厅入口层抬至自然地坪。

· 将原环形车道改为下沉广场，简化隧道。

· 立面取消了Led大屏幕。

· 将原夹层内部分用房移至竞赛层，减小夹层面积。

· 将原230m×400m下沉广场改为地面广场。

· 增加一层地下室用作机房。

· 简化原大桥结构，并在北面增加一个大桥。

通过上述修改，北京奥林匹克篮球馆总建筑面积从近12万m²缩减至6.3万m²，高度从45m压至27.4m（相对于街道面），造价比原来的预算减少近一半。

2-13 实施方案鸟瞰效果图

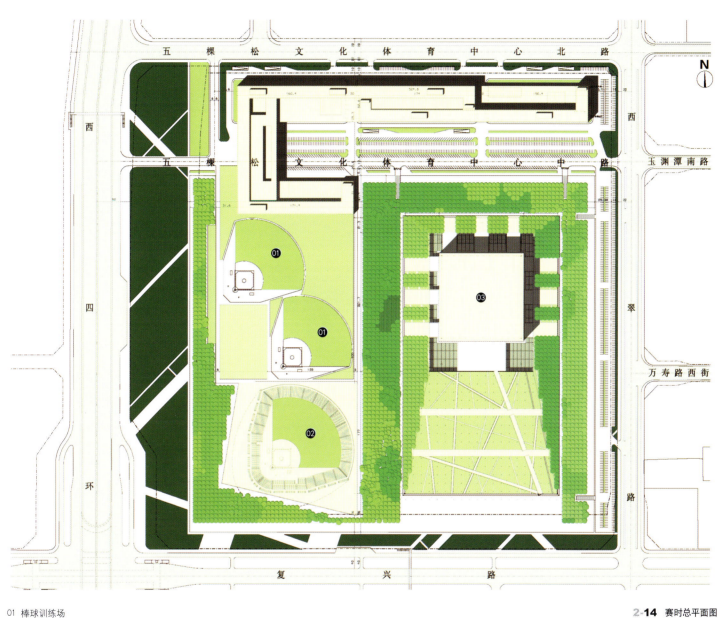

01 棒球训练场
02 棒球场
03 体育馆

2-14 赛时总平面图

2-16 比赛大厅

2-15 实施方案效果图

2-17 首层观众休息大厅

2-18 三层观众休息大厅

2-19 下沉广场

2-20 室外近景

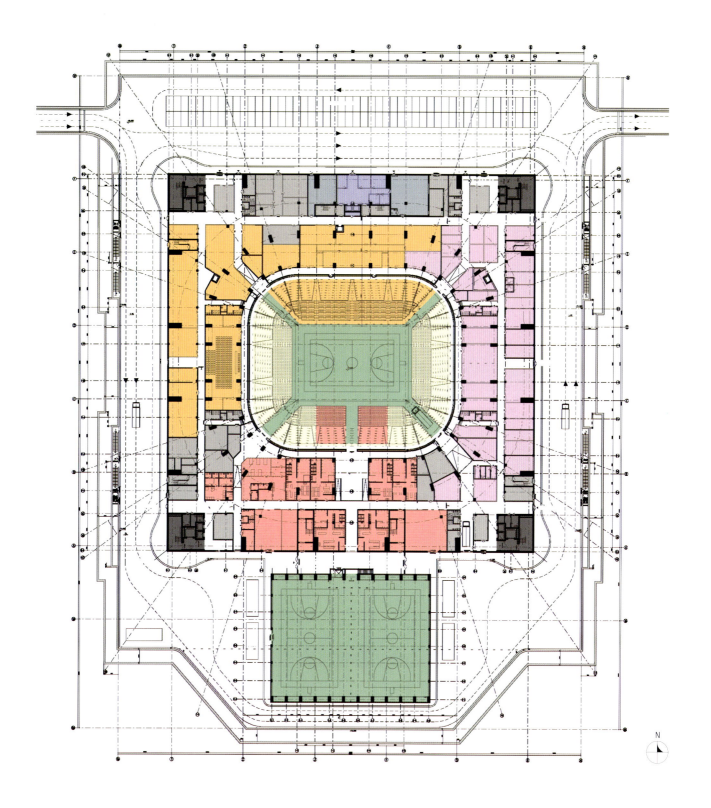

2-21 竞赛层赛时平面图

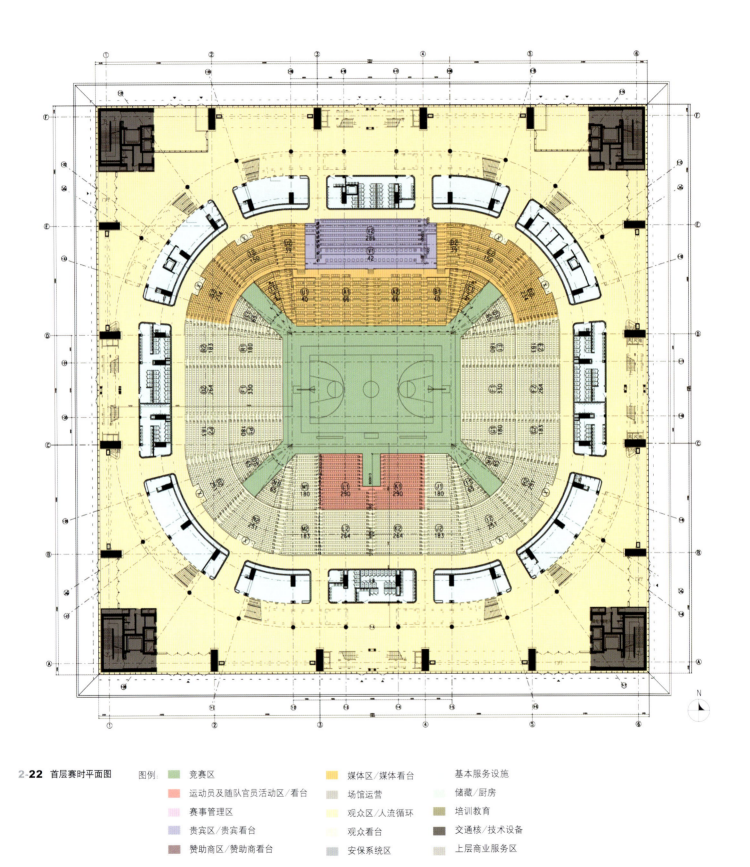

2-22 首层赛时平面图　　图例：　■ 竞赛区　　　　　　　　■ 媒体区/媒体看台　　　　■ 基本服务设施
　　　　　　　　　　　　　　　　　　■ 运动员及随队官员活动区/看台　■ 场馆运营　　　　　　　■ 储藏/厨房
　　　　　　　　　　　　　　　　　　■ 赛事管理区　　　　　　　■ 观众区/人流循环　　　　■ 培训教育
　　　　　　　　　　　　　　　　　　■ 贵宾区/贵宾看台　　　　■ 观众看台　　　　　　　■ 交通核/技术设备
　　　　　　　　　　　　　　　　　　■ 赞助商区/赞助商看台　　■ 安保系统区　　　　　　■ 上层商业服务区

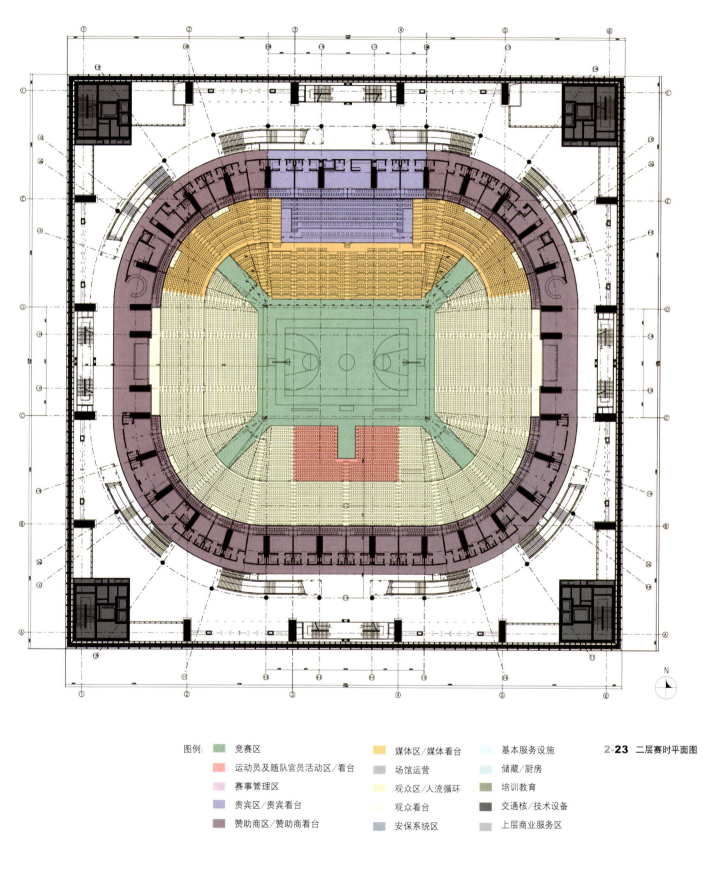

图例： ■ 竞赛区　　■ 媒体区/媒体看台　　■ 基本服务设施　　2-23　二层赛时平面图
　　　　■ 运动员及随队官员活动区/看台　　■ 场馆运营　　■ 储藏/厨房
　　　　■ 赛事管理区　　■ 观众区/人流循环　　■ 培训教育
　　　　■ 贵宾区/贵宾看台　　■ 观众看台　　■ 交通核/技术设备
　　　　■ 赞助商区/赞助商看台　　■ 安保系统区　　■ 上层商业服务区

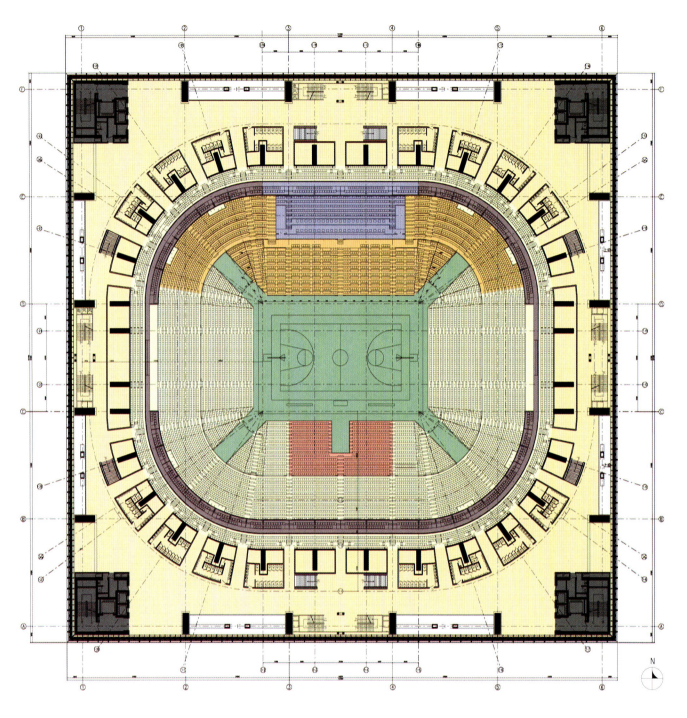

2-24 三层赛时平面图　图例：

- 竞赛区
- 运动员及随队官员活动区/看台
- 赛事管理区
- 贵宾区/贵宾看台
- 赞助商区/赞助商看台
- 媒体区/媒体看台
- 场馆运营
- 观众区/人流循环
- 观众看台
- 安保系统区
- 基本服务设施
- 储藏/厨房
- 培训教育
- 交通核/技术设备
- 上层商业服务区

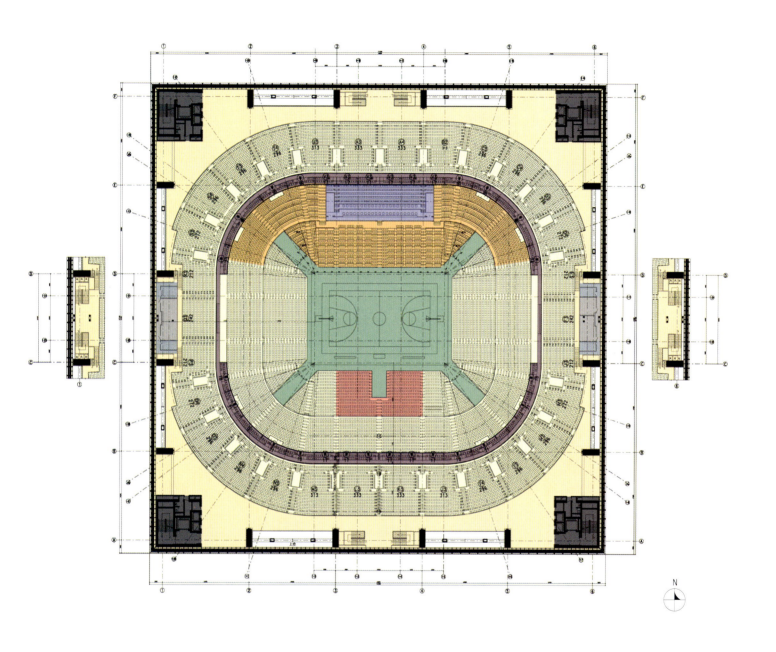

图例：
- 竞赛区
- 运动员及随队官员活动区/看台
- 赛事管理区
- 贵宾区/贵宾看台
- 赞助商区/赞助商看台
- 媒体区/媒体看台
- 场馆运营
- 观众区/人流循环
- 观众看台
- 安保系统区
- 基本服务设施
- 储藏/厨房
- 培训教育
- 交通核/技术设备
- 上层商业服务区

2-25 四层赛时平面图

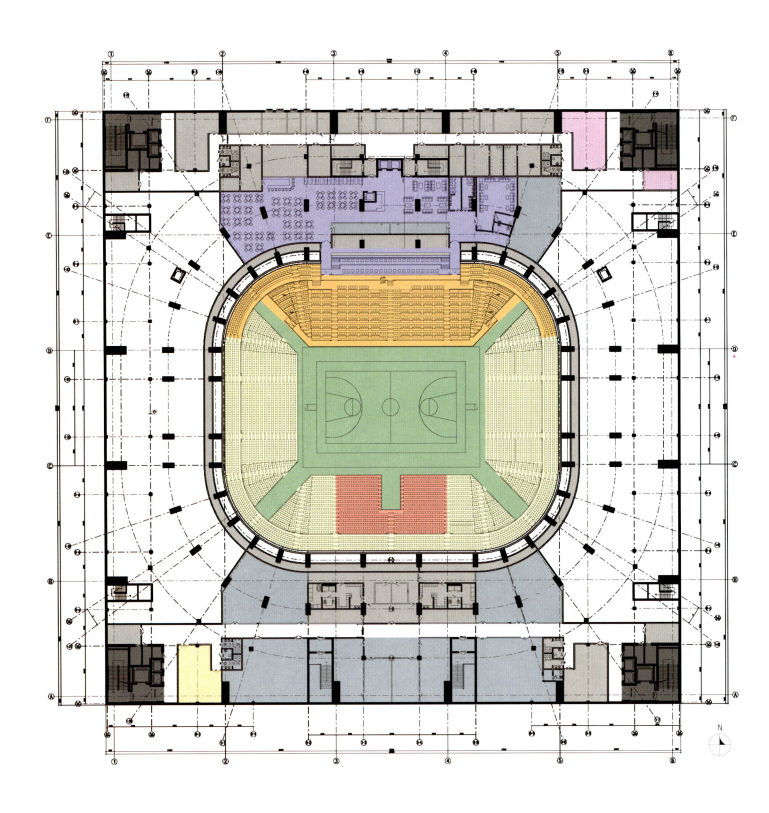

2-26 夹层赛时平面图　　图例：　　■ 竞赛区　　■ 观众看台
　　　　　　　　　　　　　　　■ 赛事管理区　　■ 安保系统区
　　　　　　　　　　　　　　　■ 贵宾区/贵宾看台　　■ 储藏/厨房
　　　　　　　　　　　　　　　■ 场馆运营　　■ 交通核/技术设备
　　　　　　　　　　　　　　　■ 观众区/人流循环

技术设计
Technology Design

1. 设计指导思想

（1）结合中国的国情和勤俭办奥运的精神，努力创造一个高效的、使用方便的、经济上可行的建筑精品。

（2）在满足奥运会要求的前提下，将赛后运营作为综合体的设计重点。

（3）在条件成熟的情况下，采用新技术、新工艺、新材料，以体现"绿色奥运、科技奥运、人文奥运"的宗旨。

2. 设计难点

（1）规模大，综合性强，奥运对附属设施要求高。

（2）观众流线与特殊人员流线通过高差进行分流，流线较复杂。

（3）人流大，高大空间多，给防火和机电专业设计带来巨大挑战。

北京奥林匹克篮球馆的屋盖结构跨度为120m×120m，采用了双向正交的钢桁架体系，使整个屋盖结构支撑在周边的20根柱子上。由于屋盖结构的尺度较大，温度变化和地震都会使屋盖结构与周边的支撑柱子之间产生很大的相互作用。设计中为解决这一问题，在桁架与支撑柱之间采用了有弹簧限位的单向滑动支座，取得了很好的效果。

另外，由于建筑功能的要求，主体结构的剪力墙大部分仅位于首层以下，上部结构的刚度减弱很多，非常不利。设计中，在首层以上沿周边设置了八道柱间支撑，合理地解决了这一问题。篮球馆比赛大厅的空调系统利用了"分区空调"和"分层空调"的设计理念，采用了高技术的阶梯座椅下送风口，在采用CFD技术对空调系统效果作出详细分析的基础上，配合合理的送风温差，达到既舒适又节能的目的。空调新风系统设置间接冷媒式热回收系统，利用空调排风中携带的冷热量，对超过70%的新风量进行预处理，有效地降低了系统能耗。收集篮球馆屋面及下沉广场的雨水，在室外贮存、处理，供室外绿化使用，减少了自来水用量。

北京奥林匹克篮球馆场地照明的供电除采用了双路市电加自备发电机的方式，还设置了在线式UPS，彻底杜绝了电源之间切换时金卤灯熄灭现象的出现。采用先进的智能化照明控制系统，不仅有效地降低了能耗，同时也使管理智能化。采用气体采样及光截面报警系统，配合数控式水炮，提高了对超大空间的火灾报警及灭火的可靠性。采用了智能化疏散照明系统，火灾时自动指示出最佳逃生路线，缩短逃生时间。采用太阳能光伏发电系统，节省能源，贯彻绿色奥运理念。

3. 消防设计特点

（1）篮球馆部分的竞赛层和夹层位于自然地坪下方，受功能影响，防火分区不宜太小。建筑平面尺寸为130m×130m，进深大。建筑四周被一个下沉广场围绕，上部为比赛大厅和观众休息厅，部分楼梯不能通至观众休息厅。

（2）自然地坪以上首层至四层为比赛大厅、观众休息大厅及赞助商专用区等功能区，同时上述功能在一个高大空间内，不能进行防火分区。

通过对北京奥林匹克篮球馆建筑设计的分析，其消防设计无法完全套用现行规范。经业主与设计单位同北京市公安局、消防局有关领导共同协商，决定本建筑消防设计分两部分进行。①地下机房层、竞赛层和夹层按照《高层民用建筑设计防火规范》进行消防

设计;②其余部分基于该建筑的重要性和复杂性均采用消防性能化设计的方法,对其进行消防设计。同时遵循下列原则:

·在进行消防性能化设计的同时,对建筑中有条件按照《高层民用建筑设计防火规范》设计的部分尽量遵循现有规范进行设计。

·在分区上严格将夹层以下用房与观众休息厅、首层以上用房分开。

·根据本建筑的特殊情况,将竞赛层以上视为地上部分,地下机房层、竞赛层及夹层人员全部向竞赛层疏散,比赛大厅、休息大厅内的观众(贵宾除外)全部向观众大厅首层疏散。

·建筑物中的火灾探测和自动灭火系统的标准应适当提高。

4. 声学设计

篮球馆有效容积347400m³,容纳18000名观众,每座容积为19.2m³。由于不同的使用功能和活动座席的不同配置,馆内的容座量会有所变化,每座容积也将随之而不同,使馆内吸声量产生变化而改变混响时间。因此,将设置相应的措施进行调整。在混响时间控制上采用以下措施:

·根据篮球馆设计的总体要求(装修效果、吸声性能和投资限额等)选择和配置吸声结构。

·所用吸声材料(或结构)在满足吸声要求的同时,应具有良好的装修效果,符合防火、耐久、环保、轻质、价廉和便于施工等要求。

·顶部的吸声结构应结合屋顶的隔声要求,设计复合结构,加强围护结构的隔声性能,同时满足吸声要求。

·用于控制混响时间的吸声材料(或结构)应同时兼顾到消除音质缺陷和减低馆内噪声的要求。

·所用吸声材料(或结构)应尽可能采用预制加工构件,以方便安装,减少湿作业和缩短工期。

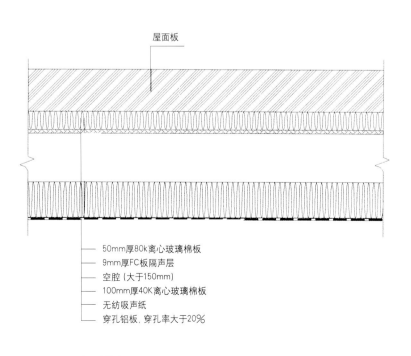

2-27 屋顶隔声吸声构造图

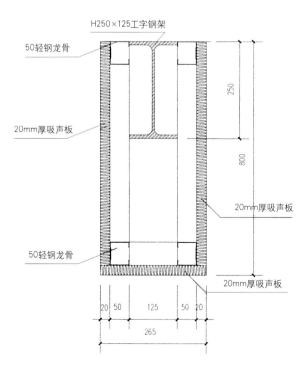

2-28 空腹吸声梁构造图

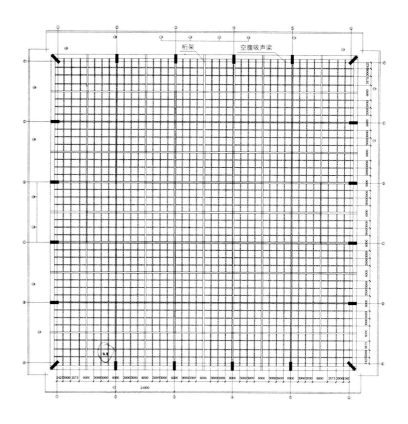

2-29 空腹吸声梁平面布置图

施工建设
Coustruction

1. 工程管理模式

总承包采用联合总承包方式,由北京城建集团和北京中关村开发建设股份有限公司组成联合体,共同承担北京奥林匹克篮球馆的建设。

现场成立联合总承包部,设项目经理、项目副经理各一人,分别由北京城建集团和中关村开发建设股份有限公司派人担任。

2006年10月,应业主要求,北京中关村开发建设股份有限公司退出北京奥林匹克篮球馆的建设,剩余工程由北京城建集团独力承担。

2. 工程技术要点

(1) 大截面清水混凝土施工

北京奥林匹克篮球馆四周共20根大截面清水混凝土柱,其中四根为4350mm×1200mm,其余16根为3600mm×1200mm,浇筑高度最高为9m。柱面质量标准为清水混凝土要求,为此,柱面模板选用双层18mm厚的多层腹膜多层板,错缝固定。混凝土浇筑高度大,采用自制的漏斗型下料管,减少混凝土坠落时的离散,保证质量。

(2) 双向鱼腹式钢桁架结构施工

屋架体系为双向正交鱼腹式钢桁架,边弦高度6.3m,中弦高度9.3m。采用高空累积滑移施工技术。在篮球馆北侧搭建拼装平台,地面拼装,吊装至拼装平台,通过三个滑道进行滑移,每12m滑移一次,分10次滑移到位,通过卸载技术将钢桁架落在周边的20根大截面混凝土柱子上。

(3) 看台施工和装修难度大

篮球馆分为上下看台,共1.2万个观众座位。上看台用16根斜挑梁支撑,弧形看台现浇的难度大,模板要求高,看台表面平整度控制难,斜柱的支模和浇筑要求多。装修采用水泥自流平罩面,大面积看台面平整度和阴阳角顺直是施工时的主控制项。

三大理念实施
Three Concepts Realization

1. 绿色奥运

（1）五棵松文化体育中心雨洪利用工程建设内容包括篮球馆屋顶雨水直接收集回用和回灌，篮球馆下沉广场雨水调蓄利用，南广场雨水调蓄排放，棒球场周边透水铺装工程，下凹式绿地消纳雨水等部分。

雨洪利用工程把防洪与补源结合起来，充分合理地利用雨水资源，缓解北京市水资源短缺。五棵松文化体育中心雨洪利用工程将成为绿色奥运的亮点，并有利于促进北京市水资源可持续利用和社会经济的可持续发展。

（2）利用清洁能源，采用太阳能光伏发电系统。

（3）采用节能型电气产品。

2. 科技奥运

（1）北京奥林匹克篮球馆屋顶采用跨度为120m×120m的双向鱼腹式钢桁架，总用钢量约4800t。北京奥林匹克篮球馆大跨度双向鱼腹式钢桁架体系高空累积滑移法施工目前在我国尚属首例，施工具有很大难度。工程已全部完成，在由北京市建委组织的科学技术成果鉴定证书中，经专家鉴定，该技术达到了国际领先水平。

（2）纳米易洁玻璃：在篮球馆外幕墙采用中国原创、国际领先的纳米易洁技术，解决玻璃幕墙的清洗和保洁问题。

（3）观众休息厅设地板辐射供暖系统，以此来解决比赛大厅和休息厅的室内大空间采暖问题。

3. 人文奥运

（1）巧妙利用先进的分层进出场馆的设计手法，实现观众与运动员、官员、管理人员的分流和室内易达性。

（2）完善而方便的残疾人设施，体现人文关怀。

（3）采用软包座椅，按照人体学原理设计、制造，坐感十分舒适。

（4）外观的装饰不仅环保、美观，且充满着现代气息，创造现代宜人的体育建筑。

后奥运时代的思考
Post-Olympic Thoughts

北京奥林匹克篮球馆在设计过程中就考虑了赛后利用问题。"奥运瘦身"后，虽然取消了上部商业设施，但其本身作为一个多功能体育馆充分考虑了赛后运营。馆内能进行篮球、羽毛球、排球、乒乓球、手球、艺术体操、体操、拳击、武术、室内足球等多项比赛，也能举办大型文艺演出。下部功能用房在奥运会后通过局部改造，将原奥运会内部用房进行缩减，加设健身俱乐部和体育产业用房，从而满足其运营要求。

2006年，随着新业主的入驻，引进了NBA概念，并在建设过程中就对局部进行了改造以满足赛后举行NBA比赛的要求；同时又在场心设置了冰场，可以举办各种冰上比赛和迪斯尼冰上表演。

北京奥林匹克篮球馆在设计过程中，业主和设计团队就十分重视赛后运营，并对赛后场馆的使用进行了充分的考虑。相信随着NBA的入驻，北京奥林匹克篮球馆在后奥运时代必将大放异彩，体现勃勃生机。

第 **03** 篇

老山自行车馆
Laoshan Velodrome

3-01 全景鸟瞰

项目总览
Project Review

1. 项目概况

老山自行车馆位于北京石景山老山西侧，国家体育总局自行车击剑运动管理中心院内，西邻西五环快速路。作为中国第一个木制赛道的室内自行车馆，老山自行车馆不仅拥有国际第一流水平的赛道，在赛后也将成为国家队的日常训练基地和国际自行车联盟的亚洲培训基地。该馆建设资金全部由国家划拨，投资造价控制十分严格。因此，如何在落实三大奥运理念的同时降低工程造价、研究赛后利用模式一直是设计与建设工作的核心。

在北京奥运会期间这里将产生男女共12枚金牌，同时该馆还与临近的老山山地自行车比赛场和BMX小轮车比赛场共同组成"老山奥运场馆群"，老山自行车馆将为临近场馆提供部分共用设施。"老山奥运场馆群"的建设有力地推动了周边地区的道路和市政配套设施的建设，并为该地区的居住环境质量的提升和长远发展提供了良好契机。

3-02 外景局部

3-03 外景局部

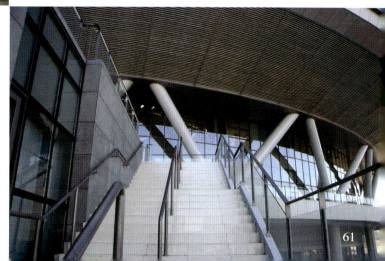

3-04 人字柱

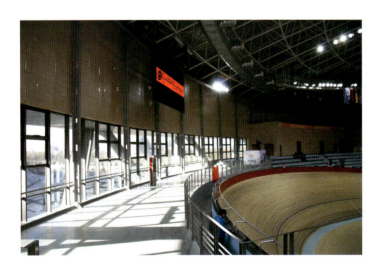

3-05 比赛大厅内景

3-06 比赛大厅内景

3-07 休息厅内景　　　　　　　　　　　　　　　　　　　　3-08 门厅主楼梯

2. 项目信息

(1) 经济技术指标

建设地点：北京石景山老山

奥运会期间的用途：场地自行车比赛

奥运会后用途：场地自行车训练基地

观众席数量（折合标准席）：赛时6032个，赛后2972个

檐口高度：20.8m

建筑层数：地上局部3层，地下局部1层

占地面积：6.66hm²

总建筑面积：32920m²

其中，地上建筑面积32322m²，地下598m²

建筑基底面积：17047m²

绿化总面积：18088m²

绿化率：27%

容积率：0.49

建筑密度：25.6%

机动车停放数量：380个

赛道周长：250m

(2) 相关设计单位及人员

设计单位：中国航天建筑设计研究院（集团）

主要设计人：窦晓玉、林小强、吕琢、刘亚军、谷葆初、关承福等

设计单位：广东省建筑设计研究院

主要设计人：谭开伟、崔玉明、李振华、崔玉明、陈乃华、林海波等

方案征集
Draft Plan

1. 任务及方案征集概述

2003年3月至6月,奥组委组织了老山自行车馆的建筑设计方案国际招标,根据北京奥组委编写的《老山自行车馆奥运工程设计大纲》,其主要设计任务被描述如下:

(1) 建设目标

北京老山自行车馆应充分体现奥运理念和"新北京,新奥运"的主题,是北京2008年奥运会的重要比赛场馆,使用年限应不少于50年。其功能应可以根据赛事级别和赛后利用的需要作出相应调整。

(2) 建设规模

老山自行车馆的赛道周长250m,建筑面积约30000m²,观众座席6000个,其中临时座席3000个。

(3) 功能定位及赛后利用

①举办奥运会、残奥会;

②承办国际、国内自行车场地赛事;

③国家自行车队及各省市自行车队常年训练;

④推广公众自行车体育运动。

(4) 景观环境要求

自行车馆的设计应与周边环境及邻近建筑相协调,并遵守北京市城市设计总体规划及国家体育总局自行车击剑运动管理中心详细规划设计要求。

(5) 体现绿色奥运、科技奥运、人文奥运三大理念

(6) 满足奥运会和残奥会运行要求

2003年9月,经过专家组的评审,广东省建筑设计研究院提交的方案中标。同期,国家体育总局奥建办组织进行合作设计单位比选,最终确定由广东省建筑设计研究院与中国航天建筑设计研究院(集团)合作进行方案设计调整工作,调整后的方案成为最终实施方案。

2. 中标实施方案

(1) 造型设计

在造型语言方面,充分利用结构体系和建筑材料自身的表现力,体现体育建筑的性格。直径150m的球面网壳屋顶覆以高立边贝姆系统铝板,其舒展的流线型穹顶暗示着巨大的张力和自行车运动对空气阻力的征服。这个重达两千多吨的庞大屋顶由24组、共48根V字形钢柱承托着,如同以足尖站立的芭蕾舞者,轻盈地凌驾于南北向伸展的裙房之上,在旁边山体的衬托下,表现出恢宏的气势和体育建筑的结构之美。

3-10 实施方案透视1

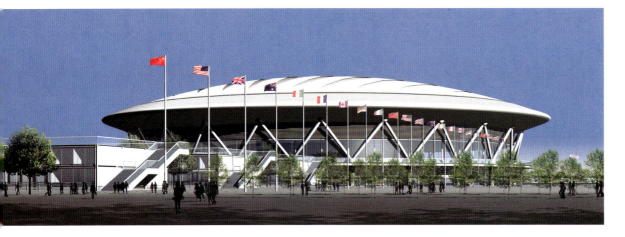

3-11 实施方案透视2

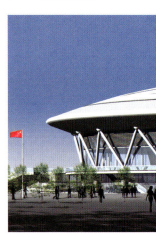

3-09 实施方案鸟瞰

3-12 实施方案室内场景

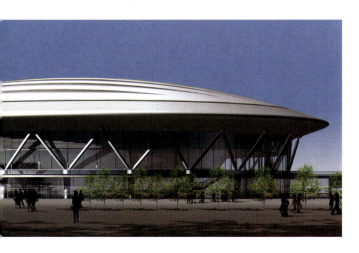

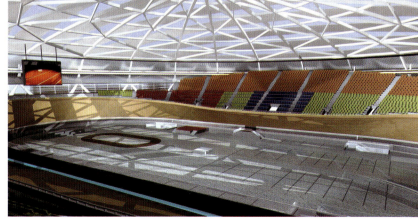

（2）功能布局

在功能布局方面，"以赛后利用为重心，同时满足奥运会比赛要求"是设计的基本出发点，在设计之初就充分考虑了赛后改造的余地。

首层包括两部分：圆形主体部分除了门厅及垂直交通空间外，主要为竞赛组织管理用房，设备用房，贵宾、媒体、赞助商、国际单项联合会服务用房等；而向北侧延伸的裙房部分则容纳了60余间运动员休息室，赛后将改造为运动员公寓。

二层的中央部分为比赛大厅，东西两侧为观众休息厅。

局部三层包括比赛大厅东西两侧固定观众席后部的临时观众席和计时计分、广播、安保等比赛技术用房。临时观众席赛后拆除，改为羽毛球、乒乓球等娱乐健身用房。

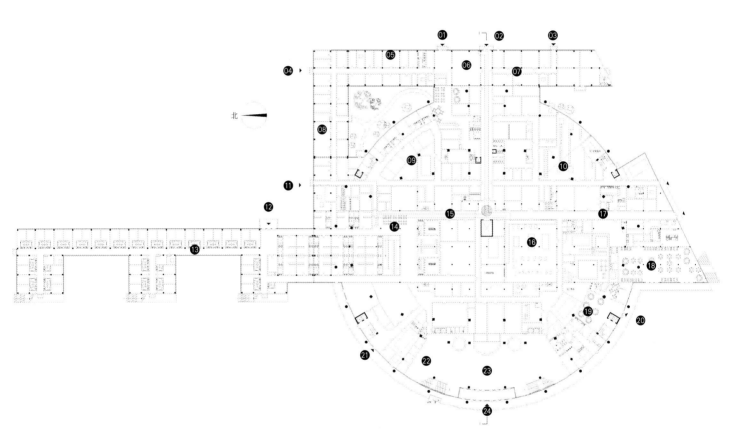

3-13 首层平面图

01 贵宾及官员入口
02 急救车入口
03 媒体入口
04 场馆运营人员入口 国际自行车联盟入口
05 场馆管理区
06 贵宾及官员区
07 安保用房
08 国际自行车联盟用房
09 体育官员用房
10 设备运行区
11 裁判及工作人员入口
12 运动员入口
13 运动员休息区
14 运动员比赛及热身用房
15 运动医疗设施及兴奋剂检测
16 设备机房
17 后勤服务区
18 餐饮服务
19 赞助商区
20 赞助商入口
21 媒体入口
22 治安处理点
23 入口大厅
24 观众入口

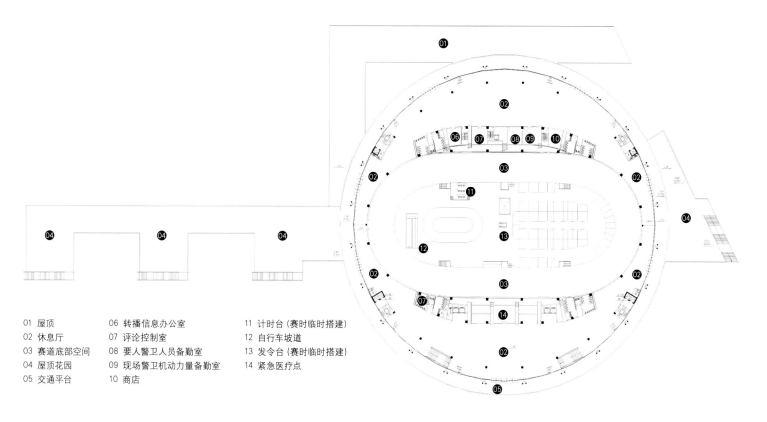

01 屋顶	06 转播信息办公室	11 计时台（赛时临时搭建）
02 休息厅	07 评论控制室	12 自行车坡道
03 赛道底部空间	08 要人警卫人员备勤室	13 发令台（赛时临时搭建）
04 屋顶花园	09 现场警卫机动力量备勤室	14 紧急医疗点
05 交通平台	10 商店	

3-14 二层平面图

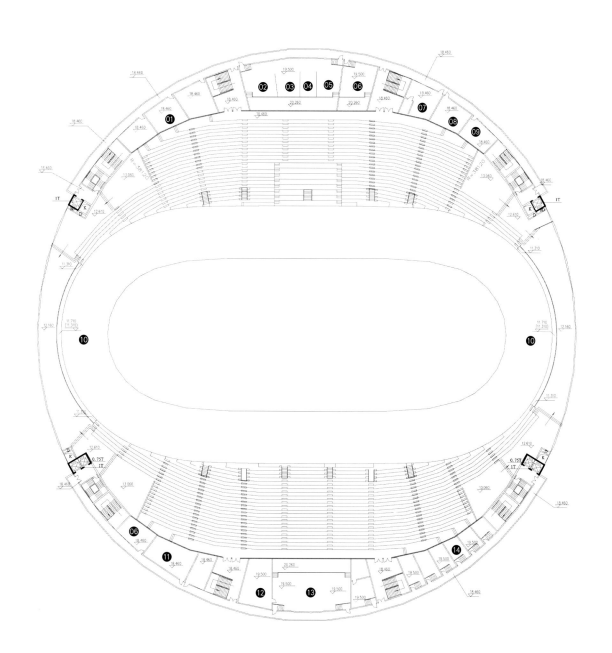

3-15 三层看台区平面图

01 办公
02 计时计分控制机房
03 现场成绩处理机房
04 电子显示屏控制室
05 扩声控制室
06 现场安保观察室
07 照明配电室
08 照明控制室
09 现场消防通信指挥室
10 裁判通道
11 网络入侵安全检测及
　　安全防护系统设备间
12 现场安保通信设备房
13 安保指挥室
14 赞助商包厢

（3）节能设计

在造价许可的范围内，充分利用适宜技术实现绿色奥运理念。例如：

①充分利用自然采光与通风，减少日常训练时的照明及空调能耗。

②认真分析赛后使用模式，选择了地板辐射采暖与集中空调相结合的模式，降低赛后运营的成本。

③出挑深远的屋檐和遮阳型低辐射玻璃，将西山景色引入建筑内部的同时，有效控制了夏季阳光的辐射。

④赛场内灯光设有8种照明模式，根据使用模式不同而变化，降低照明能耗。

⑤场馆北侧群房屋顶上设置了80组太阳能热水器，与辅助热源共同作用为运动员休息室淋浴和比赛训练集中淋浴提供所需的热水。

01 竞赛服务楼	07 游泳馆	13 停车场	19 运动员区
02 拟建击剑馆	08 科研楼	14 锅炉房	20 赛后验车区
03 击剑馆	09 原有住宅	15 变配电站	21 赞助商区
04 原有自行车场	10 身体训练房	16 安检大厅	22 反恐备勤
05 竞赛综合楼	11 运动员公寓	17 赛前验车区	23 垃圾处理场
06 新建自行车馆	12 办公楼	18 待检区	24 八角公园跑马场

3-16 赛时总平面

建筑解读
Architectural Analysis

1. 方案深化

2004年8月，奥组委提出了"节俭办奥运"的要求。我们积极响应奥组委的号召，以有利于赛后使用兼顾赛时功能需求为前提，与赛后使用方及奥组委各相关部门紧密协调、沟通，对原定设计方案进行了认真的梳理工作，仔细地研究原定方案，尽可能多地提出深化设想，挖掘建筑内在的潜力，真正做到"瘦身"。

3-17　调整后鸟瞰

3-18　调整后透视

2. 方案调整

经过努力,我们对原设计方案进行了以下八个方面的调整修改工作:

(1) 屋盖体系修改

老山自行车馆屋盖为跨度130.6m的穹顶,原初步设计方案采用肋环形网格的单层球面网壳结构,考虑到《网壳结构技术规程》(JGJ61—2003)中关于单层网壳跨度不宜大于60m的规定及建筑物的重要性,决定不采用原初步设计方案的单层球面网壳结构,但新结构方案应尽量保持初步设计的建筑外观。

根据要求,设计单位提出了双层球面网壳、周边双层中部单层的球面网壳及弦支穹顶三种结构方案,并与单层球面网壳共四种方案进行了方案比较。设计单位向业主推荐的周边双层中部单层球面网壳方案是在现有的技术规范要求之内,将两种成熟的结构体系组合而成的,在保证结构安全性的前提之下具备一定的创新性,是兼顾安全性、经济性、施工方便、采光效果、室内观感和科技含量等诸多方面因素的整体最优方案。但业主从降低造价和施工难度的角度,最终选择了双层球面网壳结构体系。

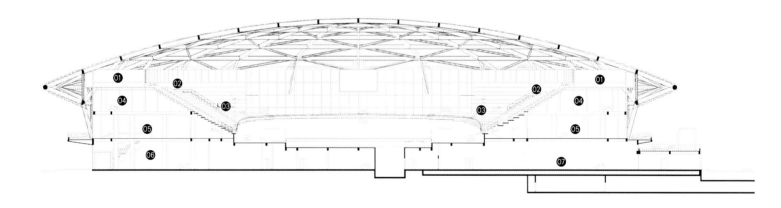

3-19 原单层网壳方案

01 技术用房
02 临时座位
03 固定座位
04 临时轻钢支架
05 休息厅
06 入口大厅
07 急救车通道

3-20 实施的双层网壳结构屋面

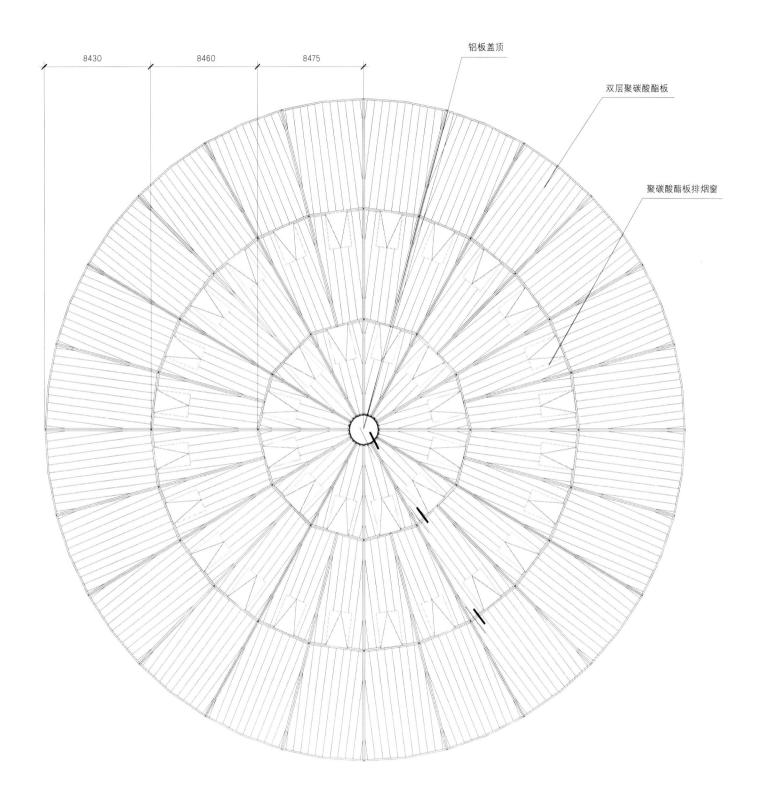

3-21 调整后天窗平面

本工程屋面为采光屋面体系，在屋面材料选择上和开窗形式上均与原方案不同。主要部分采用铝镁锰材料定型加工金属屋面和其他功能层构成。在金属屋面中心区，布置了面积约2000m²的聚碳酸酯板采光屋面和总面积约240m²的自动开闭天窗。这样修改后的屋面体系，在利用自然光节约能源方面，在可自动开启实现比赛大厅防排烟功能方面，在实现比赛大厅自然通风功能方面，以及天窗防排水功能方面，均比原方案更加优化。

(2) 场馆三层技术用房缩减

原设计方案在三层东、西两侧均布置技术用房，根据要求瘦身后奥组委所提的新的设计要求，缩减了需求，西侧技术用房取消。

(3) 外立面玻璃幕墙面积缩减

从节约能源、减少光污染和降低工程造价上考虑，建筑物外立面玻璃幕墙面积缩减50%。

(4) 东侧建筑面积缩减

优化了场馆东侧贵宾入口附近功能用房的平面布局，形成平面上的"凹"字形入口区，不仅减少了三个柱距约150m²的建筑面积，而且为贵宾上下车及出入建筑提供了一个相对宽敞、隐蔽的区域。

(5) 观众无障碍电梯数量及位置的调整

将观众用无障碍电梯由四部减为两部，同时，位置由建筑中心区域移至建筑物外圈区域，在二层标高上与室外环廊相结合，使建筑物形成了一个规整、方便、易识别的外层交通环。这种电梯位置、数量上的缩减整合，不仅优化了流线设计，而且节约了投资及赛后的运营费用。

(6) 主席台区席位相关调整

虽然此次方案调整时，还没有下发残奥会的相关技术要求，但是通过研究相关资料，从便于行动障碍人士的使用出发，我们修改了主席台区的座位布局。不仅加大了主席台区前排席位的进深以满足轮椅席位的尺寸要求，增加了轮椅席位的数量，并且增设了可供轮椅使用的通往主席台区的两个贵宾专用坡道。

(7) 疏散楼梯调整

部分疏散楼梯的位置、大小、到达楼层的数量进行了优化，使建筑物的平面更加紧凑、经济，空间更规整。

(8) 进入内场升降机位置及数量调整

原方案中，在内场中心区域设有一部可供急救车出入内场使用的升降机，在这次深化修改过程中，我们把此台升降机由内场中部移至南侧，同时精确计算急救车尺寸，缩小了井道及轿箱尺寸。这样修改后，不仅使内场更规整，而且大大缩短了急救车由室外进入室内的行驶距离。

同时，充分为残奥会的使用考虑，我们经过谨慎的思考，决定增设一部升降机进入内场，布置在内场北端，作为残奥会时使用轮椅的运动员、技术官员、颁奖贵宾、媒体进入内场的专用电梯。

3-22 调整后裙房外立面

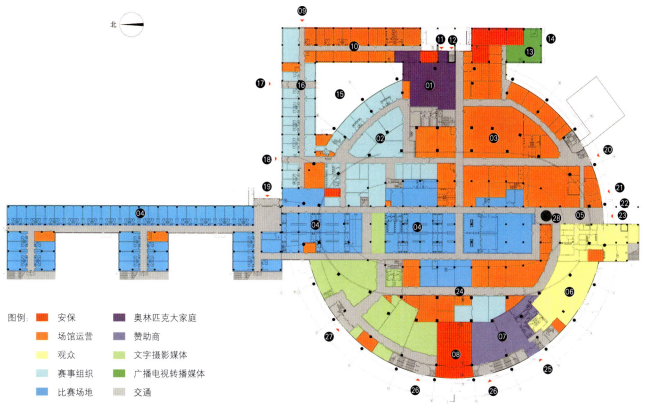

图例： 安保　奥林匹克大家庭
场馆运营　赞助商
观众　文字摄影媒体
赛事组织　广播电视转播媒体
比赛场地　交通

01 贵宾及官员区　08 治安处理点　15 内庭院　22 急救车入口
02 体育官员用房　09 场馆管理人员入口　16 国际自联用房　23 后勤入口
03 设备运行区　10 场馆管理区　17 国际自行车联盟入口　24 设施设备库房
04 运动员休息室　11 贵宾及官员入口　18 裁判及工作人员入口　25 赞助商入口
05 后勤服务区　12 安保入口　19 运动员入口　26 观众入口
06 餐饮服务　13 转播预留用房　20 场馆设备运行入口　27 媒体入口
07 赞助商区　14 广播电视转播媒体入口　21 垃圾转运　28 急救车方向转盘

3-23　调整后一层平面及功能分区图

3-24　调整后二层平面及功能分区图

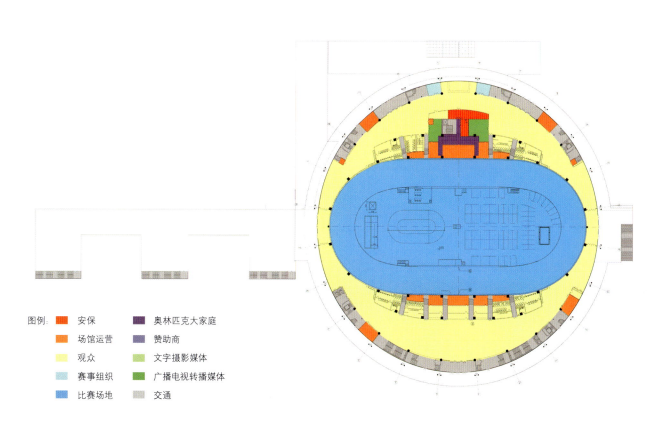

图例： 安保　奥林匹克大家庭
场馆运营　赞助商
观众　文字摄影媒体
赛事组织　广播电视转播媒体
比赛场地　交通

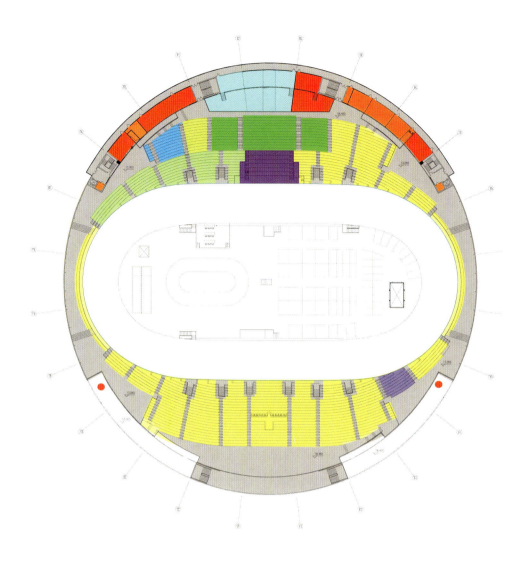

3-25 调整后三层平面及功能分区图　　图例： ■ 安保　　■ 奥林匹克大家庭
　　　　　　　　　　　　　　　　　　　　■ 场馆运营　■ 赞助商
　　　　　　　　　　　　　　　　　　　　■ 观众　　　■ 文字摄影媒体
　　　　　　　　　　　　　　　　　　　　■ 赛事组织　■ 广播电视转播媒体
　　　　　　　　　　　　　　　　　　　　■ 比赛场地　■ 交通

技术设计
Technology Design

1. 建筑专业

(1) 建筑内部流线处理

作为奥运会的比赛场馆，赛时会有大量人员进入自行车馆，而赛事的组织管理及安全保卫部门则对各种人员流线的区分提出了严格要求。老山自行车馆在平面布局方面的一个特点就是比赛大厅（包括内场）位于地面二层以上，首层的竞赛组织管理用房、设备用房、贵宾、运动员、媒体、赞助商、国际单项联合会服务用房等可以紧凑地联系在一起，而不像通常情况那样被下沉的比赛内场区域分隔开，因此各功能区块既可以方便联系又可以设置多向通道来实现流线分隔的弹性。此外，从集中设备用房引出的管线可以沿捷径通向各区域，大大缩短了管线距离，降低了造价。

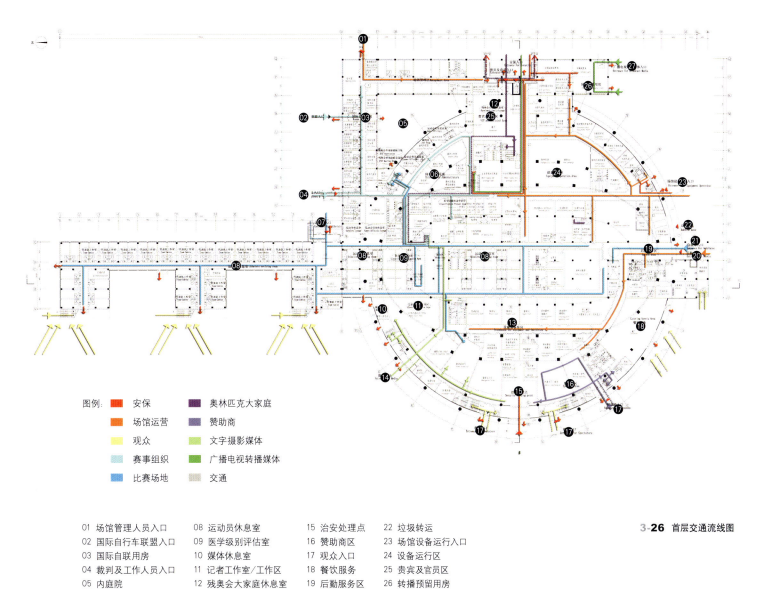

图例：
- 安保
- 场馆运营
- 观众
- 赛事组织
- 比赛场地
- 奥林匹克大家庭
- 赞助商
- 文字摄影媒体
- 广播电视转播媒体
- 交通

01 场馆管理人员入口
02 国际自行车联盟入口
03 国际自联用房
04 裁判及工作人员入口
05 内庭院
06 体育官员用房
07 运动员入口
08 运动员休息室
09 医学级别评估室
10 媒体休息室
11 记者工作室/工作区
12 残奥会大家庭休息室
13 设施设备库房
14 媒体入口
15 治安处理点
16 赞助商区
17 观众入口
18 餐饮服务
19 后勤服务区
20 后勤入口
21 急救车入口
22 垃圾转运
23 场馆设备运行入口
24 设备运行区
25 贵宾及官员区
26 转播预留用房
27 广播电视转播媒体入口

3-26 首层交通流线图

(2) 自然采光、通风的利用

自行车比赛对照明质量的要求很高，任何直射到赛道上的阳光都会对比赛安全、比赛成绩和电视转播的效果产生直接影响。同时，奥运会后老山自行车馆作为国家队的日常训练基地，如何利用自然采光、通风降低日常运行成本，也是设计者着重考虑的问题之一。在自行车馆顶部设有2000m²的双层聚碳酸酯采光板，外层为银灰色，既可屏蔽阳光中的紫外线，降低夏季空调系统热负荷，又可与屋面其他部分的铝板保持视觉上的整体感；内层为乳白色漫反射型，总透光率约10%，总传热系数约为1.8W/(m²·k)。原设想在双层聚碳酸酯采光板中间设活动遮阳百叶，可增加天然采光的灵活性与可控性，由于造价的原因未能实现。此外，在赛道南北两端还设有约500m²的采光侧窗，可为赛道弯道处补充一部分自然采光，同时顶部金属屋面从外墙面挑出约15m，避免从该处侧窗进入的阳光直射赛道。

屋顶采光区设有约150m²的可开启天窗，比赛大厅的侧窗也设有可开启扇，同时内场周边还设有可引入自然风的管道，平时训练时可利用自然通风将室内积聚的热量带走，降低空调能耗。

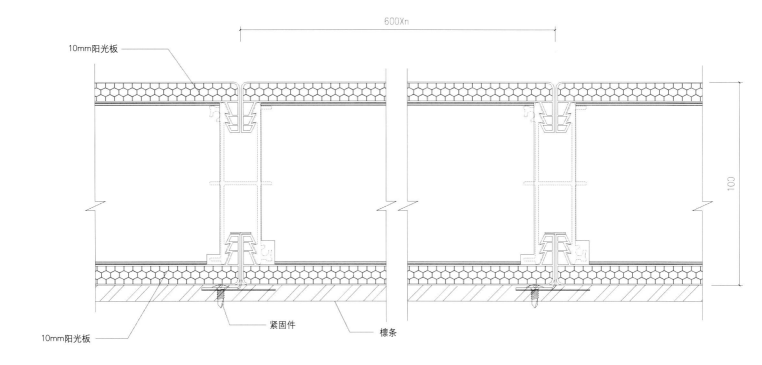

3-27 阳光板构造

3-28 阳光板构造

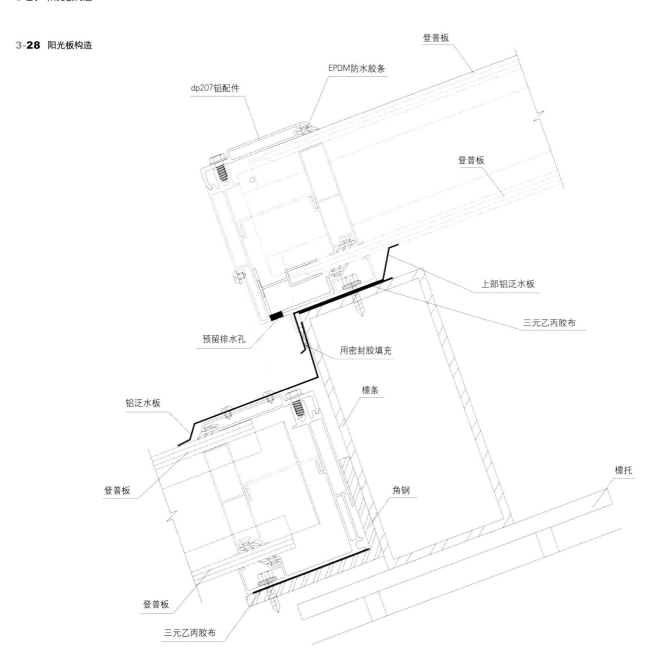

(3) 屋面构造的综合考虑

老山自行车馆的屋面是比赛大厅内面积最大的外围护和室内界面，是对比赛大厅的防雨、隔声、保温节能、建筑声学和室内采光效果影响最大的建筑界面，其构造做法是设计者经过反复调研和论证后确定的。该屋面的外层采用高立边贝姆系统扇形铝条板，在半径方向上分成4级台阶，最外侧设一圈不锈钢雨水沟。每级台阶之间和相邻铝条板之间均采用构造性防水，在屋面因温度而变形时也能保证防水效果。

最终确定的屋面构造如下：

①铝锰镁合金板（直立边锁扣、扇形板，厚度≥0.9mm）。

②100mm厚铝箔玻璃棉保温层，密度12kg/m³。

③镀铝锌压型钢板衬板，0.47mm厚，上铺10mm厚防水石膏板（或9mm厚密度100kg/m³的玻璃纤维增强水泥板），表面带铝箔，板缝用200mm宽通长石膏板条粘结盖缝。

④镀锌Z（C）形檩条。

⑤100mm厚48kg/m³的超细离心玻璃棉吸声层，玻璃丝布包裹。

⑥0.47mm厚彩色镀锌钢板，穿孔率20%，孔径2~3mm。

由于老山自行车馆临近五环快速路，101专用铁路线从基地内穿过，东侧还有三座住宅楼紧邻，因此不论是为了保证比赛不受外部噪声干扰，还是为了保证附近居民不受比赛噪声的干扰，场馆的建筑隔声构造均十分重要。以上屋面构造层中的镀铝锌压型钢板衬板和防水石膏板主要就是为了提高屋面隔声量。此构造金属屋面的传热系数K<0.55W/(m²·k)，隔声量不小于42 dB，内表面的吸声系数可达到以下数值。

屋顶内表面吸声系数　　　　　表1

频　率	125Hz	250Hz	500Hz	1KHz	2KHz	4KHz
吸声系数	.0	0.7	.80	0.9	0.95	0.95

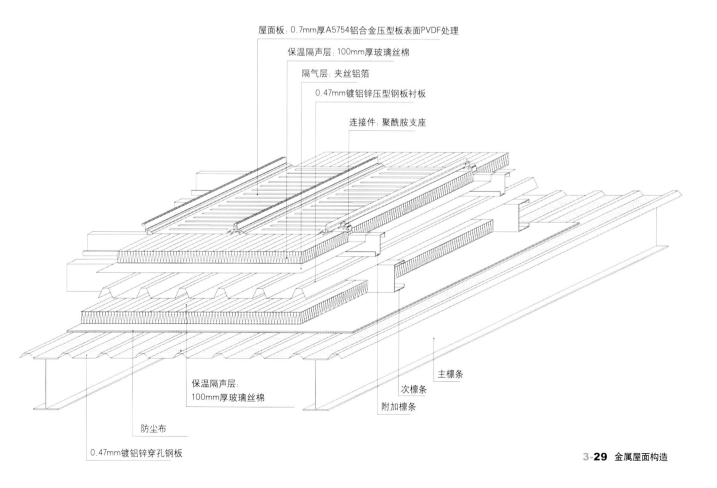

3-29　金属屋面构造

3-30 金属屋面外观

3-31 人字柱底部节点详图

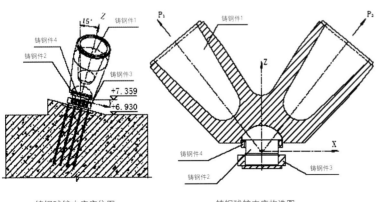

铸钢球铰支座定位图　　　铸钢球铰支座构造图

(4) 建筑消防性能化设计

老山自行车馆体积较为庞大，其功能布局的特殊性带来了一些与现有消防规定矛盾的问题。针对这些问题，业主聘请了有关专业部门进行了消防性能化分析，与设计单位共同合作找到了较为理想的解决方案。

例如，建筑首层直径达130m，位于中央的部分房间距外墙的疏散距离超过了消防规范的要求。对此，最终采用设置避险区的方法，即从建筑物中部到外墙设计一条笔直的加宽通道，该通道与其他部分以防火墙和防火门隔开而成为独立防火分区，通道内设有自动喷淋灭火系统和机械排烟系统，且该通道内无可燃物并不设与疏散无关的房间门。火灾发生时，人员只要进入该通道就可视为已到达安全区，从而使建筑物中央部分的人员到达安全区的疏散距离大大缩短。

再如，消防审批部门曾提出在比赛大厅顶部设机械排烟系统，但该系统除增加造价外，其运行时的振动也会对屋面钢结构带来一些难以准确评估的影响。最终经过消防性能化设计软件模拟烟气扩散的过程而得出结论，在比赛大厅顶部设置120m^{2}的自动排烟窗即可满足人员疏散要求。

(5) 建筑声学

老山自行车馆赛时可容纳观众6000人，馆内容积23.5万m^3，每座容积为39m^3，属于大型特级专项体育馆。该体育馆建筑声学条件应以满足足够的语言清晰度为主，同时比赛大厅内不得出现回声、颤动回声和声聚焦等音质缺陷。按照《体育馆声学设计及测量规程》的要求，本馆声学设计按混响时间 (500~1000Hz) 2.5s来计算。采用的声学构造除了在前文中已经提及的屋顶穿孔金属板和玻璃棉外，还包括有：墙面采用了25mm厚穿孔木质吸声板 (穿孔率20%)，内填100mm的玻璃棉板 (密度48kg/m^3)；屋面采光顶下面的龙骨上安装 (包裹) 铝穿孔吸声方筒，在增加馆内吸声量的同时不影响馆内采光；侧窗设遮阳、吸声窗帘；屋架下检修马道及三层技术用房顶设空间吸声体等。

老山自行车馆建成后经实测，在未安装3000个临时席位，以及吸声窗帘、空间吸声体因造价原因未安装的情况下，测得空场混响时间 (500~1000Hz) 为3.26s，按照80%满场的情况推算，满场混响时间为2.47s，满足规范要求。

2. 结构专业

本工程结构技术难点主要体现在以下两个方面：

①混凝土部分体量庞大，最大直径为136m，没有设置永久性的温度缝，而是采用"后浇带+预应力+周边设置预制板带"的方法加以解决。

②场馆主体屋顶采用了双层球面网壳结构，覆盖直径为149.536m，矢高14.69m，矢跨比约为1:10，表面积为18240m^2。网壳支承于高度为10.35m的倾斜人字形钢柱及柱顶桁架环梁之上，柱顶支承跨度为133.06m，柱脚周边直径为126.40m。钢结构总高度为28.36m，柱脚标高为7.15m。网壳厚度2.8m，为跨度的1/47.5。屋顶中部为采光玻璃，周边为金属铝板。该网壳建成后将成为我国跨度最大的球面网壳结构之一。设计中采用人字柱支撑，钢柱脚通过可转动的铸钢球铰支座与混凝土柱顶相连，这样，竖向荷载作用下网壳产生的水平推力大部分分解到刚度很大的钢圈梁，钢柱仅承受轴向压力，减小了钢柱及下部混凝土柱的负担。

同时，"球铰支座+人字柱"为一典型的呼吸结构，即在温度变化时，结构可以自由地发生较大的温度变形，而不产生温度应力，化解了大体量钢结构使用阶段最不易解决的问题。

3. 给排水专业

给排水系统的设计在造价控制十分严格的条件下以成熟的技术手段体现了绿色奥运、科技奥运、人文奥运的三大奥运理念。例如，在消防方面，在比赛大厅内采用了全自动消防水炮灭火系统，以及在部分技术用房内设全淹没式组合分配的IG541气体灭火系统等科技含量较高的消防系统；在节水方面，利用市政中水作为冲洗厕所用水和绿化用水，并利用附近的天然砂石坑汇集场馆雨水回灌地下水，还采用了太阳能热水器为运动员提供淋浴用的热水，达到了安全可靠，经济合理，节能节水的效果。

4. 暖通专业

自行车赛场空调为大空间空调设计，既满足人员的舒适性要求又节能是我们的设计宗旨。同时兼顾奥运赛时与赛后训练的运行要求，尽量降低运行费用。

赛场空调采用分层空调形式，分为观众席和赛道、内场两个区。一部分送风在22m高度处沿外围以喷口向中央送风，保证在赛道边沿的风速在0.5m/s以下，这部分送风可以覆盖观众席和赛道，回风采用座椅下回风形式；另一部分送风利用赛道与内场高差直接送至内场，回风利用进入内场的楼梯作为回风口，以满足人员活动区域的温、湿度要求，赛场上部余热可利用屋面自然排烟窗排出。

空调系统采用全空气变风量系统，使系统风量可以在50%~100%之间运行；空调系统采用变新风量系统，在过渡季节可以采用全新风量运行模式，主场馆屋面的自然排烟窗也可作为全新风运行时的排风使用。

内场设大面积低温地板辐射采暖系统，既作为值班采暖，又作为冬季空调系统运行的辅助措施。同时考虑到赛后运行的经济性，在不运行空调系统的情况下，也能满足运动员平时训练的环境温度要求，降低平时运行费用。

3-32 场馆空调系统剖面图

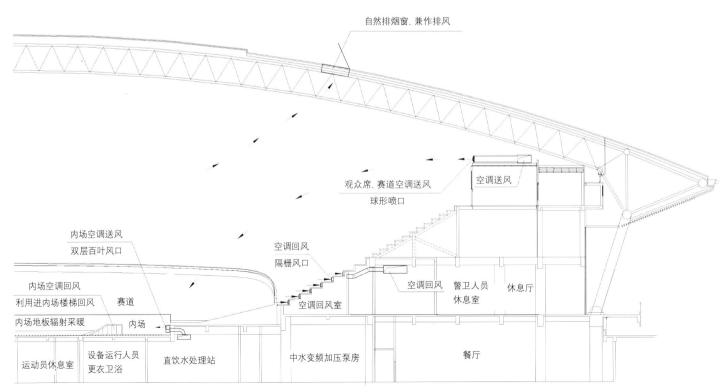

5. 电气专业

老山自行车馆电气设计以安全、节能、经济适用为设计目标。例如：

①赛场照明使用清扫、进退场、训练、俱乐部级比赛、国内比赛、国际比赛、彩色电视转播、高清晰电视转播比赛等八种模式的照明控制系统，在满足转播要求的前提下能耗降低25%。比赛场地照明灯具全部采用HID高强度气体放电灯，发光效率≥90lm/W。

②在低压配电系统设计中使用动力中心等概念，减小了变电所低压配电柜馈出回路的数量，使得配电系统的层次更加简单、清晰。配电系统的保护选择性能够充分得以体现，有效地解决了场馆配电系统覆盖范围大，系统保护整定复杂的问题，使得整个配电系统的运行更加可靠。

③为了保证奥运会正式比赛期间可以提供百分之百的比赛转播照明，使用摆渡电源作为临时电源装置，做到了使用很小的蓄电池组容量，保证场地照明设计满足奥运会比赛场馆设计大纲的技术要求，有效地解决了大功率HID高强度气体放电灯作为场地照明灯具对电源系统的要求。减小了蓄电池中重金属物对土壤环境的污染，节约了工程造价。

④采用低损耗电力变压器和变、配电设备监控系统，满足了在不增加变压器安装容量的前提下，最大限度地做到既节约能源，又满足提高三级负荷供电质量的设计思想。

施工建设
Construction

1. 工程管理模式

本工程由中国新兴建设开发总公司总承包施工，与工程建设相关的主要分包单位如表2所示：

主要分包单位一览表　　　　　　　　　　　　　　　表2

分包项目	分包施工单位
钢结构工程	中国新兴建设开发总公司钢结构公司
预应力工程	北京市建筑工程研究院
金属屋面工程	天津瑞科科技有限公司
幕墙工程	方大幕墙安装公司
木质赛道工程	德国舒尔曼设计事务所，德国舒尔曼体育设施建设有限公司，大连千森体育设施建设有限公司
通风空调工程	中泰恒公司
消防工程	阿珂普消防公司
弱电工程	中建电子公司

中国新兴建设开发总公司将本工程列为头号重点工程，成立了以总公司总经理袁文为组长的工程指挥部，选派总公司和公司优秀管理与技术人才组成项目经理部，制定了夺取"北京市建筑长城杯金奖"、"中国建筑钢结构金奖"和争创"鲁班奖"的质量目标，争创"建设部建筑业新技术应用示范工程"的科技创新目标，以及夺取"北京市安全文明工地"的文明安全施工目标。

本工程已经获得"北京市结构长城杯金奖"、"中国建筑钢结构金奖"、"北京市安全文明工地"的荣誉称号，北京奥组委主席、北京市市委书记刘淇，国家体育总局局长刘鹏等领导在视察时均对工程的质量、进度和施工组织给予了高度评价，以亚洲自行车联盟主席达山·辛格为组长的国际自行车联盟专家组在检查后赞誉本工程为"拥有顶级木质赛道的国际一流自行车赛馆"。

2. 工程技术要点

（1）饰面清水混凝土施工技术

本工程首层外围24根直径1.3m、高5.73m的圆柱和二层周长400m的垂板设计采用现浇饰面清水混凝土做法。施工单位从模板设计、混凝土配合比设计、浇筑工艺、养护、成品保护等关键环节出发，分别制定了相应的施工方法和技术措施：圆柱采用了玻璃钢模板体系，垂板选用了定型钢模板，并对柱头、垂板分格缝、滴水线等细部节点进行了放样设计；对混凝土配合比进行了多配比试验，并通过制作样板最终确定了适宜的原材料和配合比；周长近400m的垂板共分24段逐段施工，采取统一基准、分段控制的方法确保了整体精度；采取了延长拆模时间，优选石蜡脱模剂等方法避免了拆模对混凝土外观造成磕碰损伤的问题；选用水性混凝土专用保护底漆和水性氟树脂保护涂料。

（2）有黏结预应力与无黏结预应力成套技术

本工程主赛馆采用了环形超长无缝"车辐式"混凝土框架结构，裙房采用了超长框架结构，最长的左裙房长度为112m，在结构施工中采用了预应力技术。根据结构受力需要，分为结构强度预应力筋和结构温度预应力筋两种类型；根据施工工艺不同，分为后张有黏结预应力筋和后张无黏结预应力筋两种。

主赛馆设计有多道超长环梁和环墙，构件中同时配置有普通钢筋、无黏结预应力筋和有黏结预应力筋，这些特点给预应力施工组织和施工操作带来了较大困难。施工单位在预应力筋的排布、搭接、线形控制、张拉时机等方面采取了专项技术措施。比如根据后浇带的位置、数量和浇筑时间制定了预应力筋张拉的批次和时间；环梁中的预应力筋采用了同层每圈错跨布置，两端张拉的布置方式，对于弧形交接部位采用了分段搭接的方法，避免了配筋过于集中的问题；采用了工具式抱卡确保预应力筋的线型准确等等，均取得了良好的施工效果。

为实时监测和检验环梁预应力施工的效果，选用美国基康公司生产的BGK-4200埋入式振弦应变计对混凝土的温度和变形进行检测，采用BGK-408读数仪采集数据，并对测得的数据进行了详细的技术分析，分析结果验证了预应力技术的应用效果，确保了结构的安全。

3-33 后浇带　　　　　　　　　　　3-34 预应力钢筋

（3）大跨度钢网壳外扩拼装与拔杆接力整体提升安装技术

主赛馆钢网壳跨度133.06m，矢高14.69m，网壳厚度2.8m，正放四角锥焊接球节点，网格尺寸约4m，总重量570t。钢网壳安装采用外扩拼装与拔杆接力提升相结合的施工方法，逐圈外扩，逐步提升，分别设置内环、中环、外环三圈拔杆，拔杆由绞磨牵引，通过人工推动绞磨提供动力。首先在高度5.0m的混凝土平台上由中心开始拼装网壳，随着网壳的外扩拼装，逐圈向外扩散，当周围无法向外继续拼装时开始提升，每次提升高度满足外扩2~3圈的要求，依次循环，整个网壳共分六次完成提升就位，提升高度12m。

拼装和提升过程中采取了一系列的技术质量保证措施：对网壳提升过程中的各种受力状况进行了结构验算，控制了杆件应力比，对应力比超过0.7的杆件进行了代换或加固；对拔杆系统各种受力状态进行了验算，根据验算结果确定拔杆截面，保证拔杆系统在提升过程中的稳定性；增加了拔杆转换过程中的结构受力分析验算，保证拔杆接力过程中结构的安全；严格控制网壳杆件下料尺寸精度，确保下料偏差不超过±1mm，保证了网壳拼装及焊接后的总体尺寸精度；提升过程中对杆件进行了应力应变监测，对所有球杆对接二级焊缝全部进行了100%超声波监测。

通过以上方法和技术质量措施的实施，取得了理想的施工效果：所有焊缝100%通过超声波检测合格；网壳竖向变形50mm，中心偏差15mm（规范规定允许竖向变形71mm，中心偏差30mm）。

3-35 人字柱施工

3-36 人字柱与环梁焊接

3-37 网壳开始地面拼装

3-38 网壳提升

3-39 边提升边拼接

3-40 网壳合龙

三大理念实施
Three Concepts Realization

1. 概述

老山自行车馆是北京2008年奥运会的主要比赛场馆之一，在建筑设计中充分体现"绿色奥运、科技奥运、人文奥运"的理念，充分体现"新北京，新奥运"的主题。

2. 奥运理念在设计中的体现

（1）绿色奥运

老山自行车馆在设计中充分体现可持续发展的思想，在工程中采用先进与成熟的环保技术与材料，最大限度地利用自然通风与自然采光，最大限度地节省能源。

①比赛大厅顶部设有2000m²的采光区和自然通风设施，减少了训练及比赛时的人工照明及空调能耗。

②采用低辐射镀膜中空玻璃、挤塑式苯板等保温效果好的外围护结构材料，降低采暖及空调能耗。

③屋面及道路雨水少量经透水型地面铺装材料回渗地下，其余经管道收集后，汇入附近原有砂石坑，回渗地下。

④建筑材料、装修材料及制成品均选用节能环保型产品，以消除对室内外环境的污染。

⑤中水利用市政中水。卫生间采用中水冲厕，室外绿地采用中水浇灌。

⑥节水设施：节水型供水系统技术及产品，节水型器具（卫生洁具、水嘴、无滴漏产品等），先进的节水灌溉技术及设备。

⑦可再生能源的利用。在场馆北侧群房屋顶上设置了80组SLL-1200/50太阳能热水器，与辅助热源共同作用，为运动员休息室淋浴和比赛训练集中淋浴提供了所需的热水。

⑧比赛场地设有低温地板热辐射辅助采暖系统，在保证舒适度不降低的前提下，降低采暖及空调能耗。

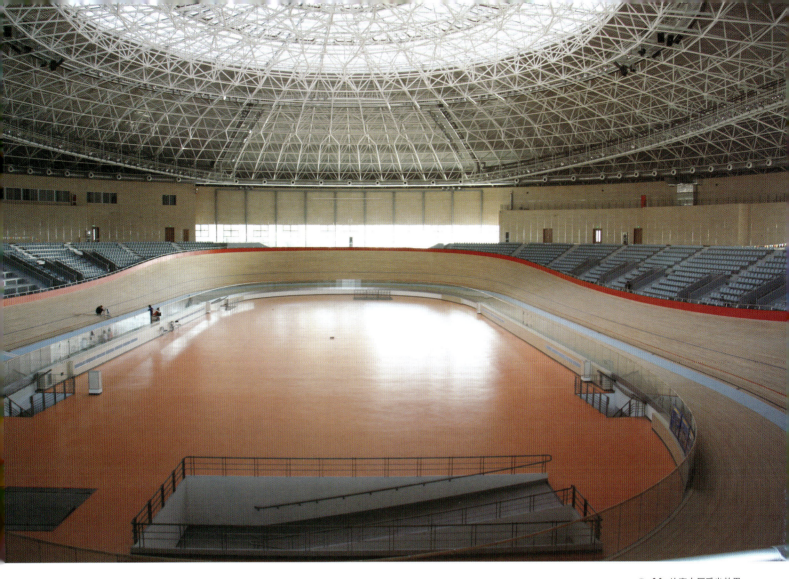

3-41 比赛大厅采光效果

3-42 广场大面积使用透水铺装

89

3-43 太阳能热水器

3-44 内场热辐射辅助采暖系统

⑨比赛大厅采用变风量空调系统,可根据不同的使用模式调整运行方式,降低能耗。

⑩冷冻空调设备及水泵等均选用低噪声型。空调或新风机组的送回风总管上装有管道消声器。风管和设备的吊装均采用减振吊钩。

·全部比赛照明采用高强度气体放电灯,发光效率≥90lm/W。

·场馆全部灯具采用电子镇流器、节能型电感镇流器等绿色节能产品和高光效光源(3250lm/38W)。

·全部使用低损耗电力变压器。

·智能变配电设备监控系统。

·赛场照明及智能控制系统。

·在充分合理利用自然光的同时,在室内部分公共区域的非功能性照明、部分广场照明及道路照明中使用光伏供电技术。

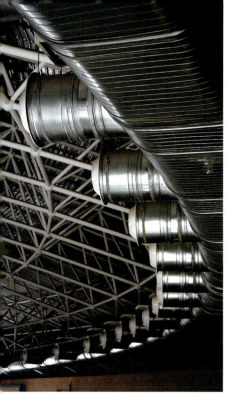

3-45 变风量空调系统

3-46 比赛大厅照明灯具

3-47 赛场照明及智能控制

3-49 测试赛场景

(2) 科技奥运

老山自行车馆在设计中采用可靠、成熟、先进的高新技术成果，充分体现奥运场馆的时代性和科技先进性。

①双层球面网壳屋盖与人字柱钢结构体系

老山自行车馆屋盖为跨度133m的双层球面网壳穹顶。主赛馆屋盖由24根直径1.3m的单肢人字形钢管柱支撑，整个屋盖的重量通过铸钢支座传递给下部的混凝土结构。

②采光屋面体系

本工程屋面直径约150m，采用了"贝姆"系统金属屋面做法，由屋面中心至檐口由三部分构成：中心核心圈、聚碳酸酯采光屋面和铝镁锰合金扇形板屋面。在直径约50m的聚碳酸酯板采光屋面中设置了总面积约150m^2自动开闭天窗，实现以下多种功能：

a 采光屋面材料透光率为10%左右，保证在除正式比赛外场馆大部分使用条件下比赛大厅内有足够的自然光线，减少人工照明，节约能源。

b 采光屋面材料对直射阳光光线产生漫射作用，不在比赛大厅中产生任何阴影或光斑，保证运动员在训练或比赛中高速骑自行车时的安全性。

c 自动天窗在火灾报警条件下自动开启，实现比赛大厅防排烟功能；自动天窗还可在人工指令下随需要开启，实现比赛大厅自然通风功能。

(3) 人文奥运

在设计中充分考虑各类人员的需求，尤其是残疾人和有行动障碍人员的需求，建立起温暖的体育人文环境。老山自行车馆是残奥会比赛场馆，届时会有很多残疾人运动员、观众、官员等来参加、观看比赛。因此，场馆的设施设计同样充分考虑到残奥会的特殊要求。

3-**48** 自动开闭天窗

残奥会利用
Paralympic Function

1. 残奥会设计理念

老山自行车馆在施工图设计阶段（施工图于2004年9月完成），由于相应的残疾人奥林匹克运动会场馆设计要求还未下发，所以依照国家标准《城市道路和建筑物无障碍设计规范》（JGJ 50-2001）进行设计。

2005年12月，国际残疾人奥运会组织委员会编制的《国际残疾人奥林匹克运动会场馆技术手册》发至各相关设计单位，设计单位随即依据手册具体要求，根据自行车馆现有条件（此时场馆已施工一年多），尽最大可能地修改了部分设计，最大限度地利用已建成设施进行改造来降低成本，以满足残奥会的使用要求。

在无障碍设计中充分体现"以人为本"的设计理念。具体设计时，充分考虑残奥会时不同人群的使用需求，保证使用者能在许可的范围内自由活动。防止过度建设和过度花费，实现赛事功能转化的简便易行。

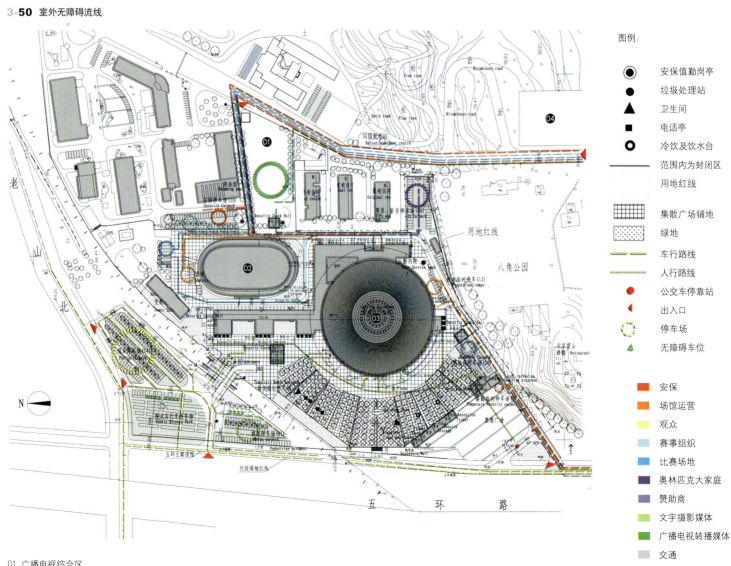

3-50 室外无障碍流线

01 广播电视综合区
02 原有自行车场
03 新建自行车馆
04 停车场

2. 残奥会设计特点

①保证各类人群的活动线路无障碍（专用坡道或升降设备）。

②大多数的人群均有专用卫生间（媒体设有专用厕位，建议赛时设临时无障碍卫生间）。

③ 所有人群设专用座席，数量及尺寸满足使用要求。

④由于自行车场馆的特有空间功能需求，在疏散设计上，除首层可满足残障人士自主疏散外，地面以上各层在主要疏散用的，电梯间前室（均有可开启外窗）作为残障人士的安全等待区域，在此等待救援。

3. 无障碍设计要点

(1) 无障碍通道、入口及竖向交通

在媒体停车场提供4个停车位供残疾人使用，另设观众无障碍停车位8个。为了使奥运会和残奥会之间的转换更加便捷，无障碍停车位尺寸为两个标准停车位（6000mm×6000mm）。观众及媒体的人流可通过在涵洞内设置的坡道（i=1/12）到达场馆前广场，进入场馆。从各停车场到达其相应入口均为无障碍设计。

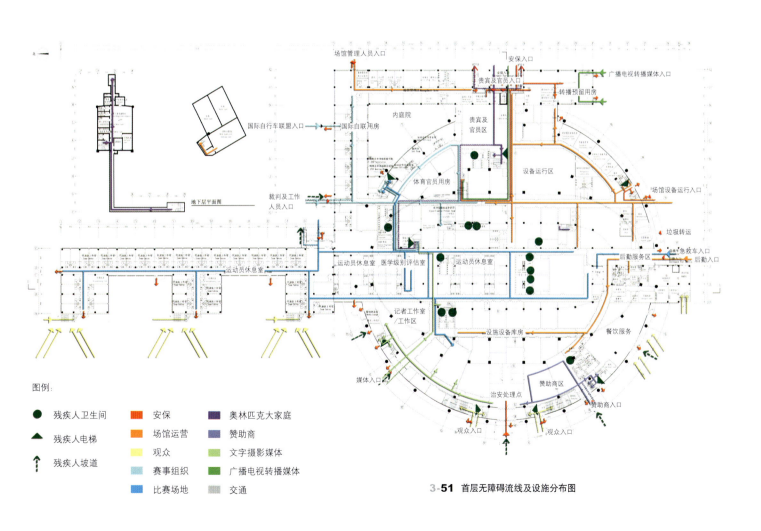

3-51 首层无障碍流线及设施分布图

运动员入口、贵宾及官员入口均设有残疾人坡道（裁判及工作人员入口赛时架设临时坡道），坡道宽度≥2.0m，坡度≤1/12，所有电梯均满足无障碍使用要求。观众入口、媒体入口、赞助商入口设有残疾人与大众共用坡道，坡道通长，坡度≤1/20。

13.06m 标高残疾人通道设防火分隔墙。

所有供参会人员使用的门净宽均≥900mm；电梯均采用无障碍电梯轿厢，尺寸≥1100mm×1400mm；所有疏散楼梯尺寸均满足无障碍设计要求。

使用轮椅的颁奖贵宾可经由首层通道使用自行车坡道附近的专用升降机到达内场。

（2）无障碍卫生间及淋浴间

除场馆管理人员区外，每组公共卫生间处均设有一处男女兼用的无障碍卫生间（≥1800mm×2100mm），共11处。另外，由于赛时为媒体服务的卫生间已施工，改造很困难，所以利用现有条件在男、女卫生间处各改造一个无障碍厕位，以满足使用要求（建议奥委会可安装临时无障碍卫生间以满足使用）。在运动员男、女公共淋浴间各加设一处无障碍淋浴间及无障碍厕位。

（3）无障碍席位

看台设永久座席2818个，其中东面看台永久座席设置有贵宾官员座席（座席区前部设无障碍席位8个）、文字媒体座席（座席区后部设无障碍席位12个）、运动员无障碍席位8个及部分普通观众座席（座席区南侧设观众无障碍席位25个），西面永久座席为普通观众座席（座席区后部设无障碍席位12个）。

3-52 无障碍坡道　　3-53 无障碍卫生间

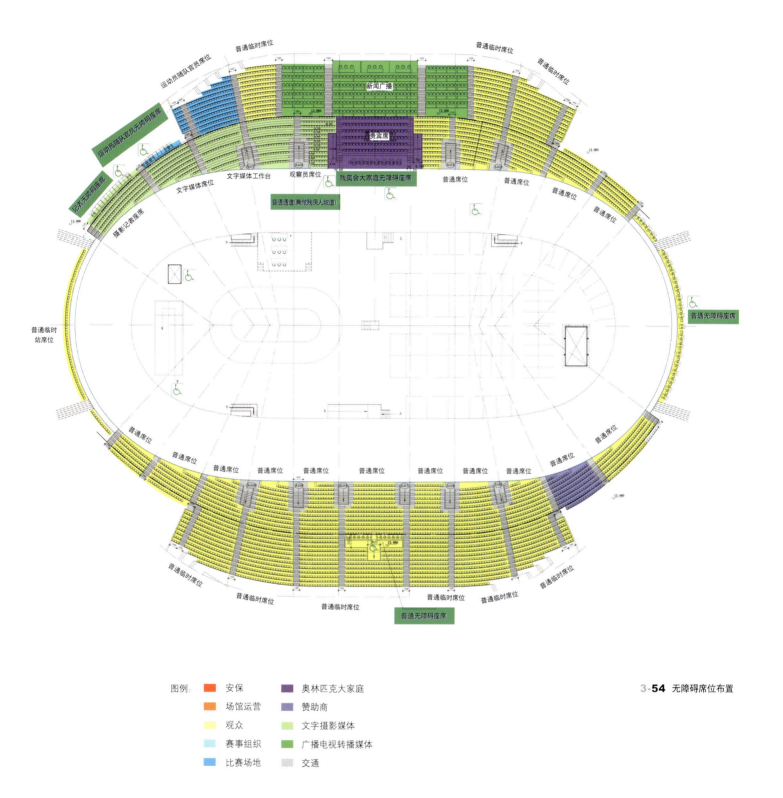

3-54 无障碍席位布置

后奥运时代的思考
Post-Olympic Thoughts

1. 运营设计与赛后利用

国家体育总局自行车击剑运动管理中心（后简称中心）是国家体育总局在京的重要训练基地之一，并承担五个运动项目国家队的日常管理和后勤保障工作。初步规划老山自行车馆在奥运会赛后的使用上主要包含以下几个区域的功能：

（1）运动员生活区

拟将场馆北侧的运动员休息室（通过内部夹层，可增加使用面积一倍）、东侧的办公用房等作为为自行车运动队提供食宿、训练、比赛、学习和放松调整的全面的服务用房。此举可大大改善和提高中心现有的接待能力，并且在运动队专训期间，该区域用房还可以用作会议、旅游等创收。

（2）项目推广、开发区

中心所管理的运动项目均较有特色，比赛紧张刺激。在国外尤其是欧洲，击剑、自行车运动有很高的普及率，有很多爱好者俱乐部；小轮车、铁人三项等磨炼人们意志、挑战生理极限的运动越来越受到青少年的喜爱。

场馆首层西侧的区域将用于中心管理项目的推广及开发，包括项目介绍展示及爱好者俱乐部，二层观众休息大厅，在没有比赛时，主要作为各项目的训练、教学和测试用房，如布置击剑剑道、室内训练设施、技巧训练、测试等，同时兼顾提供乒乓球、台球等健身场地。

（3）全民健身场地区

中心周边小区较多，且人们对健康越来越关注。赛后考虑以场馆为核心，将原有训练场拆除后，重新规划室外运动场、小轮车场、网球场、篮球场等室外健身设施。

同时，场馆三层及内场区域可以作为羽毛球、乒乓球、网球、台球等健身场地，而且可以兼顾举办各种展览。

（4）餐饮、娱乐商业区

场馆西南侧，以观众餐厅区域用房为主，形成餐饮、娱乐、体育商店为一体的商业服务区，为群众提供一处休闲娱乐的场所。

（5）服务库房区

利用赛道下方区域，布置管理用房以及为运动队服务的自行车库房、健身房、公共浴室等。

2. 场馆使用的社会化

随着体育产业的市场化，需要通过开展专项体育项目的经营、开发，进行项目推广，并结合其他健身项目的经营等手段，提高场馆的综合利用率，使之成为增强体育场馆创收能力，减少日常运营费用负担的重要途径。

2008年奥运会后，中心将以老山自行车馆为核心，结合中心其他设施，并依靠自身环境特点，逐步建设成为拥有现代化体育场馆、综合训练设施的训练基地，以及北京西郊集全民健身、运动休闲、餐饮娱乐为一体的综合性体育场所；中心将成为能承担各种国际、国内赛事，为国家自行车队和周边地区的各省市自行车队提供训练场地，举办教练员培训和青少年培训等多功能的综合基地，使奥运场馆的赛后管理及使用走上市场化、社会化、健康发展的道路。

第 **04** 篇

顺义奥林匹克水上公园
Shunyi Olympic Rowing-Canoeing Park

4-01 北京顺义奥林匹克水上公园鸟瞰

4-02 水上公园静水终点区实景

4-03 水上公园激流区

项目总览
Project Review

1. 项目概况

　　北京顺义2008奥林匹克水上公园，位于顺义区潮白河畔，是为2008年奥运会赛艇、皮划艇（静水）、皮划艇（激流回旋）、马拉松游泳比赛而规划建设的大型水上运动场馆。这里将产生32块金牌，是奥运会赛场中的第三金牌大户赛场。2005年7月开始正式动工，2007年7月竣工投入使用。

4-04 水上公园静水区鸟瞰　　　　　　　　　　4-05 激流回旋比赛区鸟瞰

4-06 好运北京测试赛颁奖

2. 项目信息

(1) 经济技术指标

建设地点：北京顺义区潮白河畔

奥运会期间的用途：2008年奥运会赛艇、皮划艇（静水）、皮划艇（激流回旋）、马拉松游泳比赛。

观众席座位数：赛艇、皮划艇（静水）赛场要求设置15000个座席，其中永久座席1200个，临时座席13800个，另设站席10000个；皮划艇（激流回旋）赛场设置12000个临时座席

占地面积：162.59hm²

总建筑面积：31569m²

其中，永久建筑面积19404m²，赛时临时设施面积12165m²。

绿化率：大于82%

容积率：0.02

机动车停放数量：600辆

(2) 相关设计单位及人员

设计单位：北京天鸿圆方建筑设计有限责任公司

主要设计人：李丹、侯宝永、陈海丰、曹泽新、万全、郑洋等

顾问单位：美国易道（EDAW）环境规划设计有限公司、澳大利亚百瀚年（Bligh Vollen Nield）建筑设计事务所、法国电力公司

4-07　好运北京静水皮划艇赛　　　　　　　　　　　4-08　好运北京激流皮划艇赛

方案征集
Draft Plan

1. 任务及方案征集概述

由于国内水上运动高标准场地的匮乏，北京奥组委根据体育组织的要求，严谨制订了北京奥运《水上公园设计大纲》，具体要求分为五个方面：

（1）建设目标

顺义奥林匹克水上公园应充分体现奥运理念，应充分体现"新北京，新奥运"的主题，应成为北京地区规模最大、功能最完善的水上运动场所和北京2008年奥运会的主要场馆之一。主体建筑至少在50年的设计年限内应是一个能够满足使用者多种要求的耐久性设施。

（2）建设标准

顺义奥林匹克水上公园的设计应借鉴国际体育建筑设计的成功经验，结合中国的设计规范，满足北京奥运会组委会（BOCOG）、国际奥林匹克委员会（IOC）、国际赛艇联合会（FISA）及国际皮划艇联合会（FIC）的要求。

（3）建设规模

顺义奥林匹克水上公园是2008年奥运会赛艇、皮划艇（静水）、皮划艇（激流回旋）比赛场地，其中赛艇、皮划艇（静水）比赛合用一个赛场，皮划艇（激流回旋）比赛单设赛场。届时赛艇、皮划艇（静水）赛场设置30000个席位，包括：永久座席4000个，临时座席16000个，站席10000个；皮划艇（激流回旋）赛场设置15000个临时座席。

（4）景观环境

顺义奥林匹克水上公园景观设计应遵循地区的环境景观和绿化生态系统的总体规划，以保护"林丰、水清、气爽"的潮白河特色环境资源为原则，应与周边环境及邻近建筑相协调；室外空间设计应注重与水体、绿化的结合，在创造丰富的室外公共空间和人性化的亲水空间的同时，应满足奥运会期间人员疏散的要求；应处理好赛艇、皮划艇（静水）和皮划艇（激流回旋）两个赛场的环境关系。

2. 中标实施方案

北京顺义奥林匹克水上公园项目投标程序中的规划与设计工作于2002年底开始启动。2002年11月15日北京天鸿集团、北京天鸿华宝公司、美国金州集团及北京建工集团组成投标联合体启动北京顺义奥林匹克水上运动公园项目法人投标工作。2003年3月15日北京天鸿圆方公司启动竞争北京顺义奥林匹克水上公园规划设计的策划工作,协调美国EDAW环境规划设计有限公司、澳大利亚BVN建筑设计事务所、法国HS与北京天鸿圆方等单位组成设计联合体,并将联合体命名为EDAW设计联合体。同年6月15日设计联合体参加投标业主邀请的由四个设计团队参加的水上公园规划概念设计选拔赛并最终胜出。2003年7月15日设计联合体作为专业技术成员参加顺鸿金建水上公园项目法人投标竞赛。2003年11月25日EDAW设计联合体参加的顺鸿金建法人项目联合体,在北京顺义奥林匹克水上公园法人投标联合体全球竞标中胜出并最后中标。

按照北京2008奥运会竞赛场馆(地)的总体规划和设计大纲要求,顺义奥林匹克水上公园是现代奥运历史上第一次明确提出把静水和激流两个赛场设置在同一个用地范围内,使两个赛场相互结合成为一个有机整体,互为依托,在保障奥运会比赛的同时兼顾赛后运营需要,因而无论从规划设计角度还是从水上运动组织角度都可以说具有划时代的重要意义。

在2003年规划设计的中标方案中,水是顺义奥林匹克水上公园设计灵感的源泉,通过水及水上船艇运动主题环境的设计,营造出一系列引人入胜的场地环境与自然氛围。

4-09 水上公园鸟瞰图

（1）设计目标

①体现北京2008奥运会"绿色奥运、科技奥运、人文奥运"的理念。

②提供一个既具功能性又有表现力的奥林匹克比赛场地。

③在广义上思考水上公园的设计意义，可以确保国家、北京市政府、顺义区政府等各方面利益。

④使水上公园与顺义现有的休闲娱乐项目如马术中心、高尔夫球场等融为一体。

⑤创建一个与顺义新城之间既具象征性又实际可见的链接。

⑥从建筑和景观方面，展望整个环境。

⑦综合考虑环境、经济和社会的可持续发展因素。

⑧为中国人民创造一个真正值得纪念的奥林匹克建筑文化财富。

（2）总体布局

奥林匹克水上公园在总体规划布局上充分考虑了现状地形条件、交通规划条件、气象条件、水上运动比赛场地技术要求等因素，把赛艇、皮划艇静水赛场沿规划左堤路（滨河路）南北向布置，同时尽量占据北部区域，留出南部区域作为活动空间，而皮划艇激流赛场设置在临南侧规划白马路的西南角区域，以保证两个赛场的内部联络和外部交通方便。同时根据场地布局将从南门入口广场通过场地内主桥到达中心道的道路设计成奥运景观大道，使之成为整个场地的南北主轴。根据赛场西侧潮白河与顺义新城的规划，沿东西方向设计了城市空间轴线，分别是人文轴线和景观轴线，两个主轴框架体现了大气而简约的设计风格。

人文轴线，这条轴线形象地将基地与顺义新城和北京人民相连。公园的主要设施，如观众看台、奥林匹克灯塔都是沿着这条轴线布置的。

景观轴线，贯穿南北，将基地与潮白河开放空间走廊相连。水上公园将对开放空间走廊的整体功能开发和可持续发展起到关键性的作用。

4-10 水上公园总平面图

4-11 水上公园实景

(3) 土地使用特性

从奥运比赛和庆典的要求考虑,规划设计三个主题区,从而定义了不同的场所的土地用途、娱乐活动设置、区域特性和开发类型。

①公众文化区:展示主办国和奥林匹克运动的价值与品质。

②运动休闲区:为专业运动员和公众提供一系列的运动设施。

③生态娱乐区:着眼于自然环境的阐述和互动。

④赛艇、皮划艇中心:赛艇中心设计为举办奥运会和其他国际赛事的最新赛艇比赛场地。

4-12 水上公园主看台及终点塔

4-13 水上公园主看台

赛道设计为南北走向,根据大纲要求,裁判席、主看台和终点塔位于东岸,临时看台设置在主赛道西岸的中心道上。整个场地容纳30000个座席,包括主看台4000个永久座席、16000个临时座席和10000个站席。

赛艇中心场地边界内包括以下区域:

·比赛道和热身赛道

·主看台和终点塔

·观众站席看台(东岸)和观众服务设施

·奥林匹克临时设施区

·艇库和后勤区

·观众岛(临时观众座席和服务设施)

·观众桥

4-14 主看台室内

4-15 主看台室内

4-16 水上公园静水艇库

4-17 水上公园赛道

4-18 水上公园激流艇库

赛艇赛道:
- 长度:2270m直道,其中2000m比赛道,70m起点区,200m终点区
- 宽度:162m宽,包括8个赛道(每道13.5m宽)和两条27m宽的工作道
- 深度:3.5m

皮划艇赛道:
- 长度:1150m直道,其中1000m比赛道,150m终点区
- 宽度:162m宽,包括9个赛道(每道9m宽)和两条40.5m宽的工作道
- 深度:3.5m

热身区赛道:
- 长度:最短训练道至少1700m,同时提供超过2000m训练道
- 宽度:135m
- 深度:3.5m

⑤激流皮划艇中心:位于植被繁茂的水上公园之中,激流回旋公园将成为一个多功能用途的场所,不仅能够提供世界级的国际性比赛场所,而且可以为各类业余爱好者提供一个极佳的日常运动场地。创新的设计提供了一个各自独立的奥运赛道及初学者热身道,从而使不同水平的运动员可在同一时间使用运动设施。

同时，该公园将可能成为2008奥运会期间中国激流回旋队的基地，在2008奥运会前后将在这里举办的国际性比赛包括：

· 世界杯

· 国际冠军争夺赛

· 青年奥林匹克大赛

奥运会激流回旋水道：

· 冠军赛等级的水道设计，可用于奥运及国际锦标赛

· 专门的传送设备可将运动员从底端的水池传送至出发水池

· 大面积的斜坡草坪可用作临时观看台

· 大面积的起伏式地面形成了赛艇中心的背景

初学者热身水道：

· 较低难度等级的水道设计，适于大型赛事的运动员热身及普通公众

· 水上运动的推广及赛后运营，付费性设施

· 专门的传送设备可将运动员从底端的水池传送至出发水池

波浪形艇库是一座运用了最新技术所设计的建筑：

· 设备的存放及维修

· 运动员休息室及娱乐区

· 更衣室

· 办公及后备用房

· 会务中心

· 餐馆和酒吧

· 悬浮式下水码头

激流回旋场馆安保界限内包括以下区域：

· 比赛道和热身赛道

· 临时观众座席和观众服务设施

· 永久艇库及相关设施

· 奥林匹克临时设施区

⑥奥林匹克大门：位于滨河路上，是所有观众和赞助商进入赛艇中心东部的必经位置，包括主看台的观众和赞助商，以及沿赛艇中心东岸进入站席区的观众。观众从上下车地点进入广场，再通过安检点进入场馆安保界限。本设计的要点在于入口广场与顺义新城的城市主轴连成一线，加强了奥运精神与东道主之间的联系。

功能与特征：

· 赛时竖向高塔上设置数字化标志

· 广场镶嵌反映奥运口号的雕塑化铺地

· 主要交通转换所在地及下客区

· 宽阔的入口广场可容纳大型赛事期间大量的人流

· 众多特色的检票设施

· 直接进入多个场馆，如观众席及奥林匹克步道

4-19 水上公园入口广场

4-20 水上公园入口广场

111

⑦生命之环：位于场地的南侧，是所有观众和赞助商进入激流回旋场馆，及观众进入赛艇中心观众岛上临时看台的必经位置。观众和赞助商大巴、出租车和其他公共交通车辆在靠近到达广场的位置有专门的上下车点。各场馆的检查点将对所有观众进行安全检查。

生命之环展示了中国文化的博大精深。广场的设计灵感来源于中国五行，在赛时其将成为一重要的节点空间。金、木、水、火、土这五个元素，通过雕塑或广场镶嵌装饰性铺地的形式，在水上公园中会广泛呈现。

功能与特征：

· 互动喷泉

· "桨之桥"的入口

· 特色浪形凉亭联结特色奥林匹克灯塔

· 公共艺术诸如雕塑及装饰性铺地

· 赛时竖向高塔设置数字化指示标志

· 主要交通转换及下客区

· 宽阔的入口广场可容纳大型赛事期间大量的入区人流

· 众多特色的检票设施

· 直接引入多个场地，如观赛台及奥运步道

⑧庆典广场：庆典广场的设计灵感来源于奥运五环，为一系列互相关联的空间，主要用于公众节庆及体育庆典举办的场地。特色设计的灯柱界定了整体的广场，人行步道及林荫道则将其与周边的其他地区连接起来。一系列现代都市风格的艺术装置，如雕塑墙与雕塑式铺地，反映了水上公园的国际性气质与意义。

功能与特征：

· 互动喷泉

· 大量公共艺术，如雕塑与雕塑式铺地

· 运用最新技术的灯柱

· 在奥运会期间将提供大量的零售商业服务

· 标志性的节庆场地及展览空间

建筑解读
Architectural Analysis

1. 方案深化

EDAW设计联合体2003年的中标设计，在功能分区与布局、赛道设计、交通管理与控制及建筑的特色与形态等方面，全面满足了《水上公园设计大纲》的规划设计要求，但在竞赛组织和人员交通管理上同时也存在着问题。

①根据气象资料证实，赛场区域在奥运会比赛期间的风向在上午会有较大的变化，可能会影响上午比赛时的公平性；而下午的风向较稳定，风力较低。

②根据大纲要求赛艇、皮划艇赛场主看台设置在赛道东岸，而10000万个观众临时看台设置在赛道和热身道之间的中心岛，需要设计直通的道路和安防线，这势必将赛艇、皮划艇静水赛场与皮划艇激流赛场完全隔离开，结果是失去了两个赛场共同协调运营互相依托的有利条件。

③按照大纲要求设置的观众席位比任何一届奥运会都多，造成场地内的交通和安保的巨大压力。

4-21 修改方案1鸟瞰图

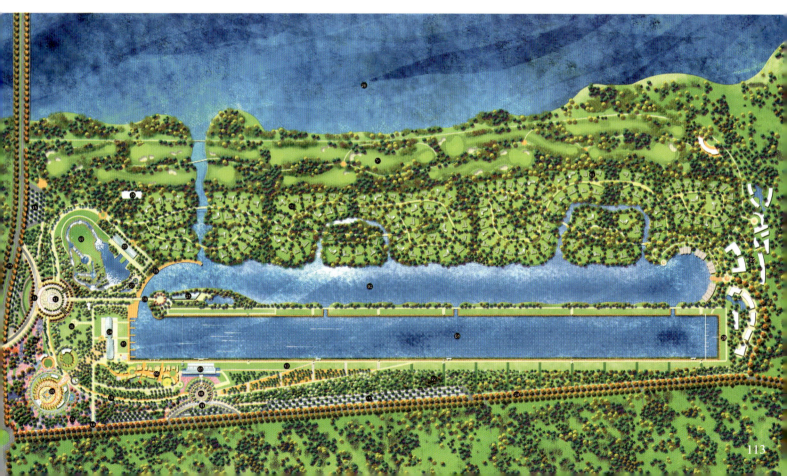

4-22 修改方案2总平面图

2. 方案调整

（1）如何落实"节俭办奥运"政策

根据政府有关"节俭办奥运"的精神，主管部门决定在不影响水上运动项目比赛的条件下，对水上公园观众席位过多的问题进行研究，缩小场地内人员规模。

（2）解决问题的方法和具体措施

从《水上公园设计大纲》的技术指标与最后建成的技术指标相比较可以看出，原大纲的"皮划艇（静水）赛场设置30000个席位，包括：永久座席4000个，临时座席16000个，站席10000个"，经"瘦身"改为新大纲的"赛艇、皮划艇（静水）赛场要求设置15000个座席，其中永久座席1200个，临时座席13800个，站席10000个"；原大纲的"皮划艇（激流回旋）赛场设置15000个临时座席"，经"瘦身"改为新大纲的"皮划艇（激流回旋）赛场设置12000个临时座席"。

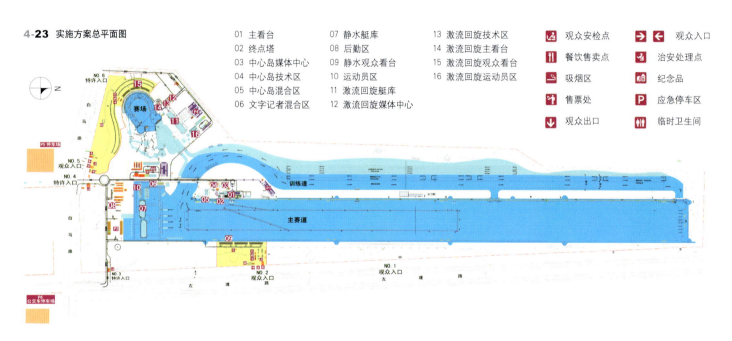

4-23 实施方案总平面图

4-24 中心岛平面图

01 场馆管理区
02 运动员区
03 船艇修理区
04 上水码头
05 员工休息及用餐区
06 餐饮综合区
07 集装箱存放
08 下水码头
09 物流卸货区
10 运行停车场
11 摄像车位
12 自行车及电瓶车停放区
13 文字摄影记者采访
14 家属会见区
15 运动员出口及兴奋检测员入口
16 运动员入口

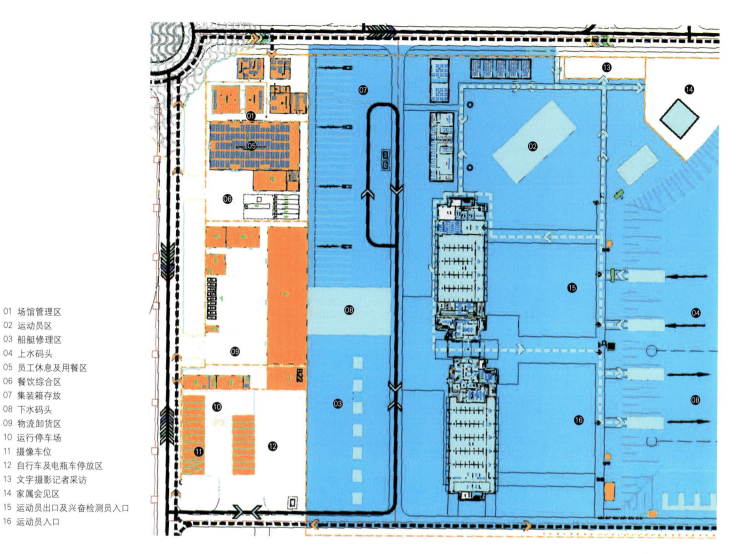

4-25 静水艇库区平面图

4-26 激流区平面图

01 分段裁判台
02 比赛场地
03 颁奖台
04 电视转播综合区
05 终点湖

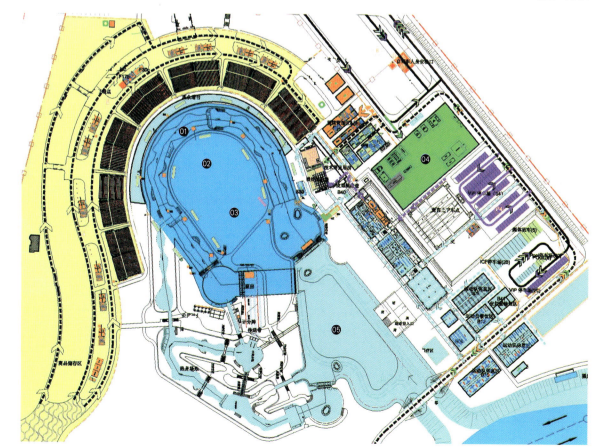

(3) 建筑设计特色

①建筑设计：水上公园在建筑形象方面刻意强调了运动本身来源于水和船艇的主题特色。静与动，正是赛艇、皮划艇静水比赛和皮划艇激流回旋比赛的特点所在，为场地的建筑形式提供了设计灵感，并最终成为水上公园的独特特征。

船艇的形态和寓意在赛艇、皮划艇静水中心的建筑设计中得到了充分的反映。主看台的设计主题是"龙舟"，看台功能与船体建筑形式的巧妙结合，使其成为赛场的焦点建筑。终点塔的设计主题"玉灯笼"，是赛场内最高的建筑物，结合裁判技术功能的透明玻璃体设计使其成为整个赛场"标志"建筑。"玉灯笼"概念是水上运动主题的延伸，意在建造一个照亮整个水上公园的灯塔。

从静水艇库的建筑形象上，可以看到"双船"静静地停泊在赛道终点一端。

激流回旋赛道里涌动的波浪激发出的设计灵感在"波浪形"屋面的激流艇库上得到了充分体现，从而赋予其强烈的视觉效果和鲜明的个性。

②桥梁设计：赛场内的桥梁规划首先是为赛场运营与比赛服务的，但作为水上公园独有的交通建筑，在设计时也赋予了特别的文化内涵。连接主入口与中间岛的桨之桥的设计灵感取自穿行于桥下的优雅而富有特色的水上运动本身。两个30m跨度的拱腹使人联想起赛艇（皮划艇）的船体，而桥面栏杆上沿桥而设的起伏、轮动的巨型船桨，使其成为赛场里生动的因素。

4-27 中间岛区

4-28 静水艇库

4-29 静水艇库

4-30 激流艇库

4-31 激流艇库

4-32 浆之桥

4-33 浆之桥

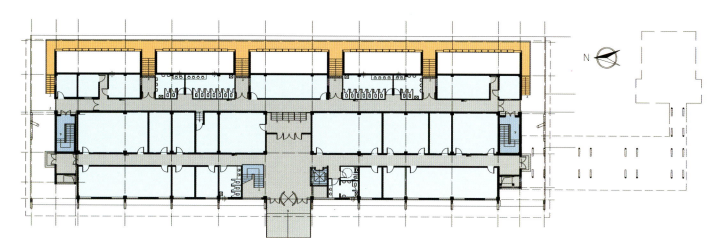

4-34 主看台首层平面

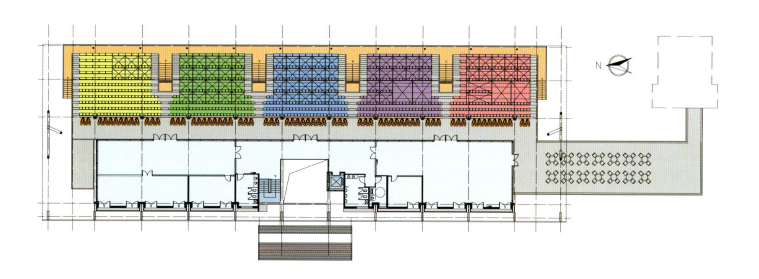

4-35 主看台二层平面

4-36 主看台视线分析

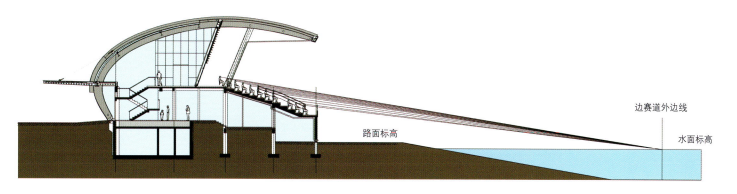

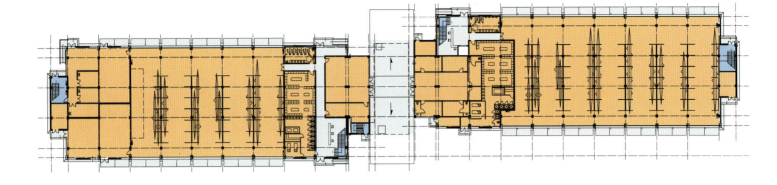

4-37 静水艇库首层平面

4-38 静水艇库二层平面

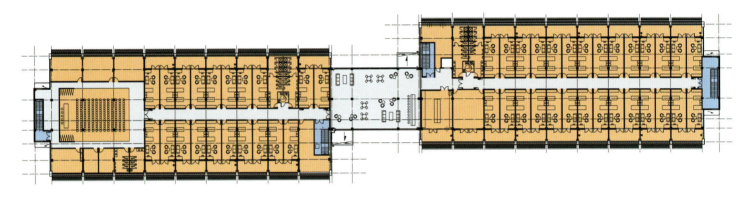

4-39 静水艇库剖面

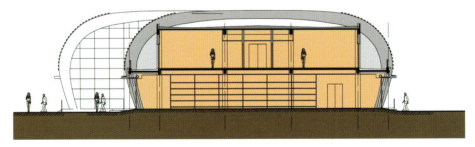

主体建筑部分剖面

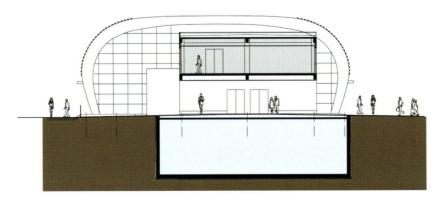

连廊部分剖面

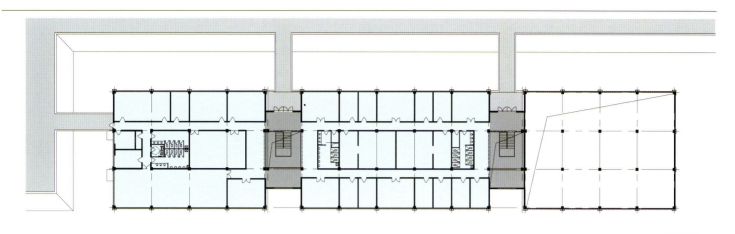

二层平面图

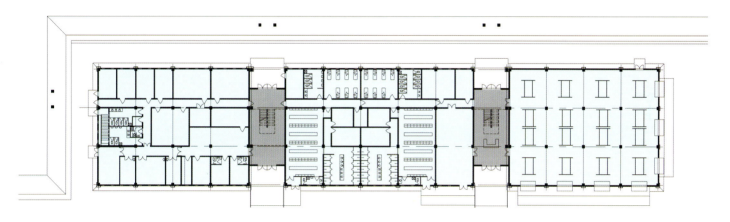

首层平面图

4-40 激流艇库平面

4-41 激流艇库剖面

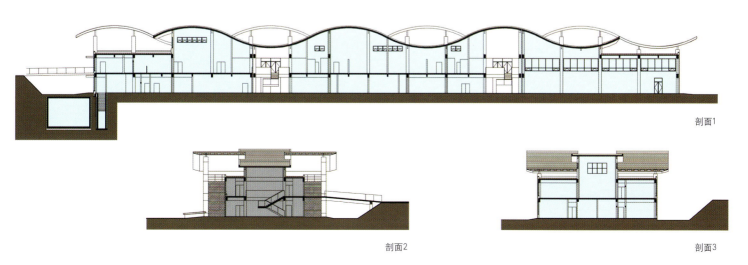

剖面1

剖面2　　　　　　　　　剖面3

技术设计
Technology Design

在"节俭办奥运"原则的指导下，调整后的规划设计全面解决了总体规划的功能布局和交通管理问题，合理完善了赛道设计和竞赛组织系统，科学建立了水土保证体系，统筹构筑了赛后经营的基础。在具体设计时，按照奥运三大理念精神详细划分为八个设计方面：①规划与总图工程；②道路与桥梁工程；③赛场与赛道工程；④岩土工程；⑤市政工程；⑥景观工程；⑦建筑工程；⑧造价控制。

在全面完成各个方面的设计并顺利建成后，顺义水上公园达到了在竞赛功能上完全满足2008奥运会比赛要求、在建筑风格上充分体现水上运动特征、在环境改善上全面塑造了新北京新奥运风貌的基本目标。

1. 功能分区与管理

强调两个赛场资源既能共享统一调配管理，又能独立运营使用，满足赛时和赛后多方面的要求。根据奥运会赛艇、皮划艇（静水）、皮划艇（激流回旋）比赛的实际需要，综合场地外部城市道路条件、场地地形地貌条件、气象观测资料等情况，规划时把赛艇、皮划艇静水赛道赛场南北向设置在场地东侧，而把皮划艇激流回旋赛道赛场设置在西南侧，使静水赛场和激流赛场以道路和水域相分隔，形成各自的场域；同时又通过道路、桥梁和赛道水面把两个赛场相连接，将两个赛场的比赛、训练及人员活动主要区域都安排在场地的南部，建筑布局和空间关系上强调相互呼应和协调统一，形成了更大的整体场地系统。

2. 交通组织与控制

强调人车分流，人员分行，快进快出，高效控制。充分利用新扩建南侧白马路和东侧左堤路（滨河路）的人车交通疏散条件：①在东侧左堤路（滨河路）上设置三个专用出入广场，其中在北部设置两处普通观众专用出入口和安检广场，解决高达20800名普通观众的迅速到达和安全疏散问题；在南部设置一处运动员和媒体专用出入口和安检广场，保证运动员

4-42 交通组织分析图

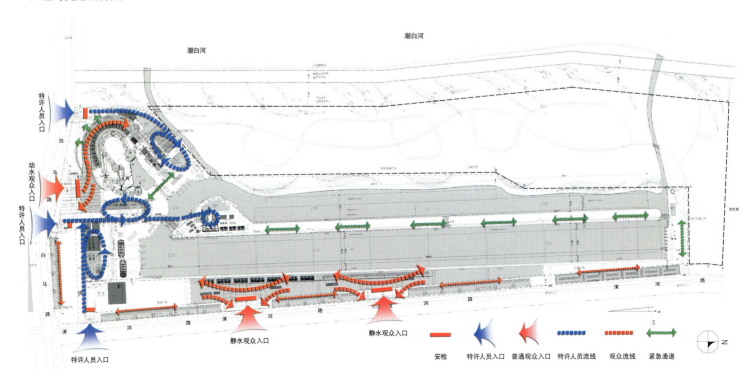

和媒体记者的快速通过。②在南侧白马路设置三个出入口广场，西侧为激流赛场特许人员出入口及安全检查区，中间为激流赛场12000名普通观众专用出入口和安检广场；从东侧正对水上公园内奥林匹克大道的特许出入口及安全检查广场进入能够直达静水赛场中心岛区。在内部道路规划上，主要保证满足比赛组织和转播要求，遵循简洁、方便的原则，使场地内的人员能够快速到达特定场所。

3. 竞赛组织与转播

强调合理安排转播线路，巧妙设计摄像角度，保障超大场地的信号传输。根据两个赛场的竞赛组织规模不同，分别设计了竞赛组织区、运动员活动区和观众区，保证了整个场地内的竞赛组织的高效运转。

(1) 静水场地

竞赛组织区位于正式赛道西侧的中间岛上，组织机构设置在主看台和终点塔上，便于技术裁判工作；同时转播媒体和特许人员分别安排在接近终点区的主看台和贵宾看台上，保证其观看效果。媒体在主看台西侧设有专用的转播工作区，可以停放大型转播车等设备，满足现代奥运会多种媒体机构高效、全面的技术处理工作。运动员活动区与艇库区位于正式赛道的南端岸上，方便独立管理，保证参赛运动员和船艇的安全和不受干扰。观众区位于正式赛道的东岸，从终点区开始向北排列至1000m处，保证观众能够看到精彩的比赛。

(2) 激流场地

竞赛组织区位于场地中U型赛道的终点区，组织机构设在激流艇库内西端，技术裁判设在终点技术用房内，其上设特许人员、运动员和媒体看台。运动员从激流艇库东端出发下水参加比赛。观众区位于U型激流赛道外侧呈半环状的山坡上，方便观众看到比赛全貌。媒体在终点技术用房西北侧设有专用的转播工作区，可以停放大型转播车等设备，满足转播工作要求。

4. 赛道规划与建设

强调根据竞赛要求、场地条件和不同项目训练、比赛特点，创建国际最高标准的比赛赛道。

(1) 静水赛道的规划设计

规划设计是在研究分析了最近几届奥运会的赛道设计后，经过多次与国际、国内组织沟通、优化完成的。其在竞赛、转播、观看的保证方面全面解决了以前赛道存在的不足，完全满足了国际和国内专业组织的要求。在设计中还全面解决了地质条件差所需要的防渗构造设计与施工技术问题，完善了消波与保护体系，成为大型水体竞赛场地的一个新样板。

(2) 激流赛道的规划设计

初期是与法国电力公司合作完成的设计，为钢筋混凝土构造。后来根据使用需要，在赛道U型总体布局基础上加大了赛道壁的构造形态变化力度，配合自主研制的组合障碍物与单元构造底板，使激流赛道具有了新的难度特征，得到了广泛好评。

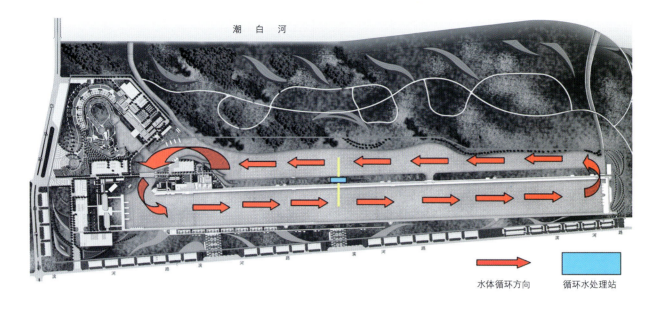

4-43 水体循环分析图

5. 水质保障与节约

强调合理用水,科学节水,用先进技术保障水质。水是水上公园的根本和生命。为了在北京这个严重缺水的城市建成主要依靠大面积的水来进行比赛的运动场地,最大限度地充分利用好赛道内的水,设计与研究的重点应该是如何控制赛道水体始终保持在竞赛要求的三类水标准。在规划设计中把原来已经批准规划的水处理系统中由静水赛道北端出发区吸水,输送到位于西南的激流区处理站净化,再由静水赛道南端的出发区排回赛道的做法,大胆地改变为将水处理站置于中间道堤岸的中部,减少输送管线,由热身道直接吸水,再由比赛道直接排出。经专业水研究单位配合分析,效果完全达到设计要求,节约了大量管道设施费用。在水处理站的设计规模上,根据多次研究后确定了25～30天完全处理赛道内总体积约170万m^3水的处理能力。

4-44 土方平衡图

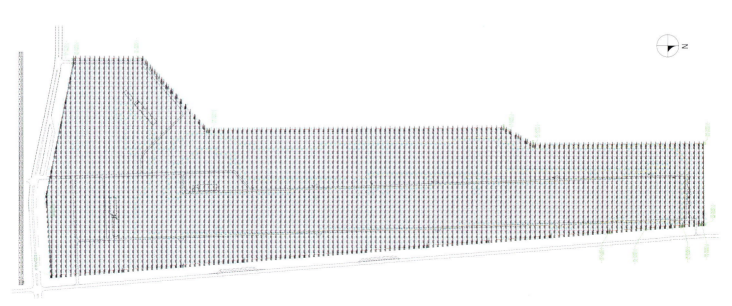

4-45 赛道岩土构造现场　　　　　　　　　　　　　　　4-46 岩土堆山实验现场

6. 废土改造与利用

强调科学改造，完全利用。赛场场地规划和赛道的塑造，对使用土的品质有相当高的要求。根据勘察报告结果和实际开挖观察，本场地内3~4m深范围内的土均为粉土和粉质砂土，几乎没有任何再利用价值。但200万m³的开挖量非常巨大，废弃将造成大量开支、占用大量土地，还可能在运输过程中造成环境污染。同时场地平整和塑造激流区山型同样需要买进相当体积数量的好土，对环境的影响之巨大不可估量。根据"一车土不运出，一车土不买进"的原则，规划中在做好场地内土方平衡设计的同时，重点与相关科研单位对场地土的再利用进行了全面分析研究，并在实验室研究的基础上完成了实地劣质土再利用堆山试验，取得了必要的技术数据，积累了大量施工经验，并最终全面实现了规划设想。

7. 建筑使用与节能

强调高标准执行建筑节能设计规范。场地中场馆面积不是很大，主要是技术管理用房和运动员艇库。在规划设计中，严格遵守绿色奥运环保节能标准，在不多的建筑物上努力实现节约能源与利用清洁能源的要求，设计安装了水源热泵空调系统，有效控制了废物排放。

8. 环境改善与美化

强调保证水上运动比赛要求，创建优美自然的场地。水上公园同其他奥运赛场相比是用地面积最大的一个，其建设过程和建成使用必然对北京市、顺义区特别是顺义新城地区产生重大影响，因此景观环境的规划设计与改善效果是设计中的重点。在场地环境规划中，设计在广场铺地、园区道路、小品点缀等方面配合建筑物特色和竞赛特征重点突出了水上运动主题，利用造价低廉的材料巧妙表达出主题思想。在绿化种植上强调自然的生态特征，利用本地树种、草种合理选配和布局，使场地内的绿化系统"三季有花，四季长绿"，达到改善区域环境的目标，在园林景观规划中运用一轴、两核、三带的景观规划理念，使整个赛场简洁、大气、清晰，突出水上运动主题公园的特征。

施工建设
Construction

1. 工程管理模式

工程施工采用总承包模式,由北京建工集团总承包,集团下属的一建公司、五建公司、机械施工公司、安装公司、路桥公司、建自凯科六家专业公司承担施工。施工管理遵循"五统一"的原则,坚持贯彻"三大理念",打造"阳光工程"。工程进度、质量、安全目标及施工工艺标准由总包单位统一制定,各专业公司负责深化完善,并遵照执行。工程成本由各专业公司独立核算,自负盈亏。

2. 工程技术要点

①采用高密度聚乙烯土工膜作为赛道的防渗材料,防渗面积达到70万m^2。

②土方开挖、回填总量均达到200万m^2,且施工面积大,土质条件恶劣,经过合理的土方调配和采取多种防治手段,实现场地内自平衡,并做到了"绿色施工"。

③钢筋混凝土激流回旋赛道位于填方工程之上,现场土方的工程性质、水利性质均很差,由北京天鸿圆方建筑设计有限责任公司组织,清华大学、中兵勘察设计研究院、中国设计院、京冶建设工程承包公司及建工集团共同研究,采用在粉土中掺加一定比例水泥的方式,改善了土体的工程性质,确保了回填质量。

④机电设备安装工程:动水设备和水处理设备的重量和口径都非常大,工艺也比较复杂。动水设备和水处理设备的安装、调试、运行是本工程的重点,也是难点。

直埋电缆敷设,由于电缆线路长,量大,电缆线敷设无遗漏,位置、走向正确合理,达到规范要求,以确保安全运行,是施工重点。

⑤路桥、市政工程:浆之桥是连接湖心岛地区与其他地区及主赛道与练习道的关键位置,该桥长60m,宽度18m,满足比赛及设计的要求,是路桥施工的一个重点。

水上公园铺装工程,从每块砖的铺装来说,没有技术性难点,但工程铺装面积很大,要同时保证整个铺装工程的基础稳定性、铺装的平整度和外观质量就成了市政工程的一个难点。

4-47 施工场地设立喷灌系统

4-48 施工场地增加挡风墙

顺义奥林匹克水上公园是北京奥运会最重要的比赛场馆之一，占地面积广，土方施工量大。为了做好施工现场扬尘控制工作，在项目施工过程中，顺义区组织参建单位成立了"绿色奥运"环境保护领导工作小组，深入细致地研究现场特点，有针对性地采取了六项措施，有效控制了工地扬尘：一是坚持"区域施工、区域完工"的指导原则，缩小裸露土地面积，减少扬尘面积；二是增加防尘密目网苫盖面积；三是对施工道路进行硬化，限制运输车辆时速为5Km/h，同时对施工区道路每小时洒水一次；四是增设防尘挡风墙，降低地面风速；五是设置喷灌设施，通过水幕墙的方式压尘；六是对已硬化道路的沙尘随时清扫。

三大理念实施
Three Concepts Realization

奥林匹克水上公园总体规划的两个主轴框架体现了大气而简约的设计风格，这两个主轴分别是人文轴线和绿化轴线：

人文轴线：这条轴线形象地将场馆、顺义新城、新北京融为一体。场馆的主要设施，如观众看台、终点塔都是沿着这条轴线布置的。

绿化轴线：贯穿南北，将场馆与潮白河开放空间走廊相连。水上公园将对开放空间走廊的整体功能开发和可持续发展起到关键性的作用。

1. 绿色奥运

用保护环境、保护资源、保护生态平衡的可持续发展思想，指导奥运会的工程建设、赛事安排、市场开发、采购、物流、住宿、餐饮及大型活动，尽可能减少对环境和生态系统的负面影响；积极推进环境保护、市政基础设施建设，改善城市的生态环境，促进经济、社会和环境的协调、可持续发展；大力发展循环经济，统筹人口、资源环境，建设节约型社会，充分利用奥林匹克运动的广泛影响，开展环境保护宣传教育，促进公众参与环境保护工作，提高全民的环境意识；在奥运会结束后，为北京、中国和世界体育留下一份丰厚的环境保护财产。

2. 科技奥运

以科学思想统领奥运战略，有效集成满足奥运需求的科技资源，为"有特色、高水平"奥运会的成功举办提供先进、可靠、适用的技术保障；通过奥林匹克精神与科学技术的融合，使奥运成为传播科学知识、提高公众科学素质、提升自主创新能力、促进产业发展并惠及社会的平台，达到"科技助奥运、奥运促发展"的目的。

3. 人文奥运

弘扬奥林匹克精神，传播奥林匹克知识，展示中华民族的灿烂文化，展现北京历史文化名城风采和市民的良好精神风貌，推动中外文化的交流，加深各国人民之间的了解与友谊；促进人与自然、人与社会、人的身体与心智的和谐发展；突出"以人为本"的理念，以运动员为中心，为参加奥运会的各方面人士提供优质服务，努力建设使奥运会参与者满意的自然和人文环境；实施人文奥运行动计划，广泛、深入开展"迎奥运、讲文明、树新风"活动，普及文明礼仪，加强社会主义精神文明建设，提高城市的文明程度。

残奥会利用
Paralympic Function

1. 残奥会特点

北京2008年夏季残奥会安排在顺义奥林匹克水上公园进行静水赛艇比赛，计划进行四个单项。残奥会水上运动的项目少，运动员人数也不多，但根据运动员均为盲人或者肢残人员的实际情况，规划设计中对运动员活动区域和功能房间的无障碍要求较高。同时按照残奥会设计大纲要求，比赛时观众人数控制在4000人，但要求必须考虑残障观众的观看和活动需求。

4-50　建筑入口坡道

4-49　无障碍卫生间

2. 残奥会的设计要点

顺义奥林匹克水上公园在规划设计中全面实施了满足残奥会需要的无障碍设计标准，重点在场地和建筑的入口通道、卫生间、看台席位及设备设施使用等方面进行了精心的规划与设计。

（1）无障碍通道、入口及竖向交通

场地内无观众停车场，媒体、赛会、贵宾停车场提供10个停车位供残疾人使用，无障碍停车位尺寸为1.5个标准停车位（4500mm×6000mm）。赛时各种人群均可按照此标准划分停车位，以满足使用要求。从各停车场到达其相应入口均为无障碍设计。

主看台主入口设有满足残障人士使用的坡道，坡度1/12。观光电梯为无障碍电梯，轿厢尺寸1450mm×1500mm，满足无障碍使用要求。

静水艇库运动员使用的入口，均设有残疾人坡道，均为直线形坡道，净宽度≥1.2m。静水艇库二层不用于残奥会，因此将不增设满足残疾人使用的垂直交通设施（即不增设电梯及无障碍坡道）。

动水艇库各主要入口均设有满足残障人士使用的坡道，坡度1/12，宽度≥3.0m。

终点塔首层入口设残疾人坡道，坡度1/12，净宽度1.6m。电梯为无障碍电梯，轿厢尺寸1600mm×1400mm，满足无障碍使用要求。

所有供参会人员使用的门净宽均≥800mm；所有疏散楼梯尺寸及残疾人使用的通道均满足无障碍设计要求。

（2）无障碍卫生间

主看台首层、二层均设有一处男女兼用的专用无障碍卫生间。

静水艇库首层设有男女运动员卫生间各一处，卫生间内各设一处残疾人厕位，以满足使用要求。在艇库两侧场地内增设临时无障碍卫生间，以补充艇库内无障碍卫生间的不足。

激流艇库首层、二层均设有一处男女兼用的专用无障碍卫生间，以满足使用要求。

中心岛临时看台无障碍坡道南侧增设临时无障碍卫生间，满足临时看台残疾人使用要求。

（3）无障碍席位

主看台由南向北，1看台设残奥会大家庭82席，其中无障碍席12个；1-3看台设记者50席，其中无障碍席5个；2看台设运动会官员30席，其中无障碍席2个；3看台设运动员及代表队官员71席，其中无障碍席35个。还有657个普通观众席和14个普通无障碍席。另设陪同席68个。

南侧临时看台，设有2728个普通观众席，无障碍席49个，陪同席49个。主看台主入口已设有无障碍电梯，用垂直交通运送残疾人观众至二层无障碍席。在临时看台南侧增设无障碍坡道，通往临时看台无障碍席。

（4）电气专业采用的无障碍措施

在残疾人卫生间设置有专用报警开关和报警装置。

后奥运时代的思考
Post-Olympic Thoughts

1. 运营设计与赛后利用

强调保证正式比赛，兼顾赛后经营。分析调查世界上已经建成使用的水上运动场地的赛后利用情况，激流赛场因其具有突出的群众参与基础而全面赢利，但静水赛场则因其专业性强而被冷落。因此，在规划设计时有意识地加强两个赛场的内部交通联系，使人员活动区域集中在场地的南部，方便和吸引群众积极参与静水活动。同时，可以充分利用静水赛场的水面和设施举办水上表演和水上龙舟等活动，使静水场地和激流场地在赛后一样成为真正的水上乐园。

2. 场馆使用的社会化

顺义奥林匹克水上公园及其周边地区是顺义新城的重要组成部分，是发展后奥运经济的重要载体，是引领顺义现代服务业发展的先导，是集中展现新北京城市魅力的特殊区域。顺义奥林匹克水上公园将充分体现"赛时服务奥运，赛后服务于民"的原则，与顺义新城共同成为北京重要组成部分。赛后将充分发挥其竞赛、训练、培训、娱乐、健身和爱国主义教育的功能，成为具有国际性功能、跨区域影响力和强烈创新能力的北京东北部最大的旅游度假和对外交往中心，成为北京最大型、最全面的市民水上游乐基地，成为体现顺义新城河东新区未来"高端国际化职能"的示范区域和"新北京"城市形象的模板，为北京和顺义未来城市发展留下一份无价的奥林匹克体育财产。

第 **05** 篇

中国农业大学体育馆
China Agricultural University Gymnasium

项目总览
Project Review

1. 项目概况

中国农业大学体育馆位于中国农业大学东校区内。北京2008年奥运会将作为摔跤比赛用馆，奥运会后将成为中国农业大学室内综合体育活动中心，经改造后除原比赛大厅外，将包括一个标准篮球训练馆以及一个拥有标准游泳池的游泳馆。在保证继续承接各类体育赛事的同时，满足教学、文艺、集会以及学生社团使用。

5-01　城市区位与校园空间

场馆城市区位图

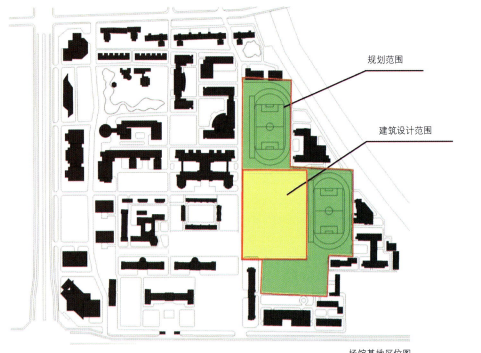

场馆基地区位图

5-02 摔跤馆鸟瞰图

5-03 观众入口夜景

5-05 比赛大厅内景

5-04 从操场看摔跤馆

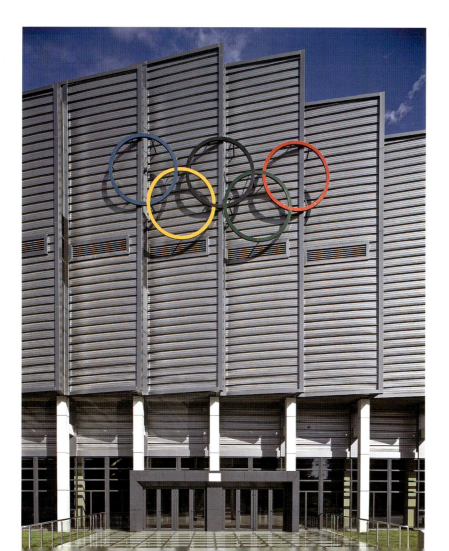

5-06 观众入口日景

2. 项目信息

(1) 经济技术指标

建设地点：中国农业大学东校区校内

奥运会期间的用途：摔跤

残奥会期间的用途：坐式排球

奥运会后用途：可承接羽毛球、乒乓球、体操、健身、排球、篮球、手球及室内足球等各类常规体育项目的比赛和举行大型活动

观众席座位数：赛时8500个，赛后6000个

檐口高度：12.5~23m

层数：3层

占地面积：8.7hm^2

总建筑面积：23950m^2

　　其中，地上建筑面积21500m^2，地下2450m^2

建筑基底面积：13900m^2

道路、停车、广场面积：24282m^2

绿化总面积：32446m^2

绿化率：37%

容积率：0.275

建筑密度：16%

机动车停放数量：306辆

(2) 相关设计单位及人员

设计单位：华南理工大学建筑设计研究院

主要设计人：何镜堂、孙一民、韦宏、杨适伟、李倚霞、汪奋强、叶伟康等

方案征集
Draft Plan

1. 任务及方案征集概述

本项目于2004年3月举行国际招标，同年6月评选出由华南理工大学建筑设计研究院、日本川口卫构造设计事务所股份有限公司、澳大利亚GSA集团与北京建筑设计研究院联合体设计的3个优秀入围方案。2004年7月至12月，经过多轮优化比较，其中包括北京奥组委、中国摔跤协会和国际摔跤联合会等组织在内的专家评审，对规模、功能及技术设计细节进行了分析与比选，于2005年元月确认华南理工大学建筑设计研究院为中标实施单位。历经3年，2007年8月中国农业大学体育馆落成。

2. 中标实施方案

在2008北京奥运会12座新建场馆中，位于大学校园中的体育馆具有着特殊的地位，即奥运比赛用馆和高校体育馆的双重定位。作为奥运会体育比赛场馆，特别是位于大学校园内部的奥运体育馆，意味着奥运体育精神在年轻一代中的传承。奥运体育比赛馆的设计应该体现生生不息、永远奋斗的奥运精神，使该体育馆真正成为2008年奥运会留给学校和城市的历史遗产和精神财富。而作为高校体育馆，体育馆的建设则意味着对校园

实体环境质量的巨大改善。同时,赛后场馆在体育和教学相结合方面的问题则是社会体育馆所不需面对的设计问题。此外,体育馆赛后功能的变化对校园和城市也存在长期的影响。

体育建筑,作为建筑类型中功能技术较为复杂的类型建筑,长期的追踪研究是产生设计作品的前提。近年来,由于普遍的浮躁与急功近利使体育建筑的相关研究相对于快速的建设而言,显得缓慢而落后。更有甚者,由于违背体育建筑基本规律的决策经常性的误导,许多过去已定性的错误设计仍然重复出现。在国内体育建筑的多次国际招标过程中,上述现象也不断在设计方案中出现。2004年3月开始构思本方案的过程中,设计者立足于对体育建筑、校园规划和城市设计的研究积累,试图通过求真的分析、自主的理念、务实的态度来应对这一国际招标的设计题目。

5-07 日景鸟瞰效果图

5-08 夜景透视效果图

5-09 东立面

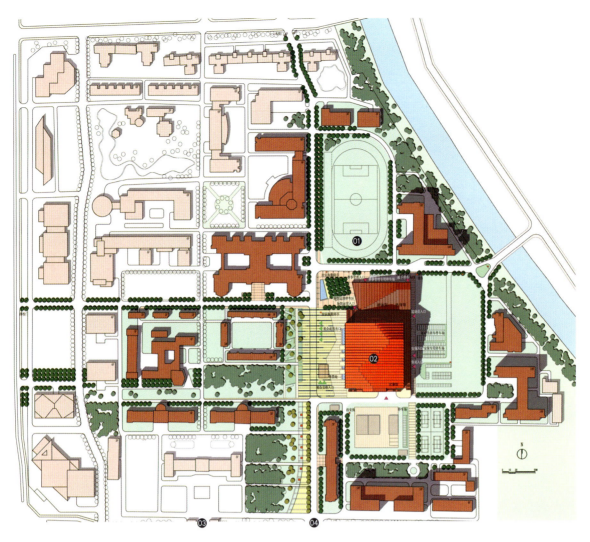

01 北田径场
02 比赛馆
03 正门
04 南校门

5-10 赛时总平面图

5-11 赛后总平面图

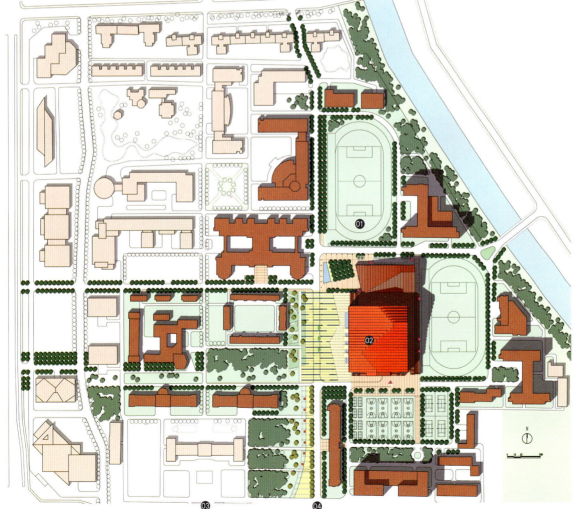

01 北田径场
02 比赛馆
03 正门
04 南校门

建筑解读
Architectural Analysis

1. 校园特色与总图布局

中国农业大学东校区，是一座典型的源自20世纪50年代的北京校园，逻辑严整的校园建筑布局、亲切的毛主席塑像是国内为数不多的留住历史记忆的大学校园。其中独具一格的是校园内几栋旧的砖混教学建筑，虽然造型与20世纪50年代的教学建筑一样普通，材料也是质量一般的红砖。然而，建筑师将砖体按照一定规律略有嵌出，改变了墙面质感，几栋主要教学建筑虽细节有不同，均采用了类似的手法，加上养护良好的树木绿化，顿时使校园形成独特的氛围。2004年初春的中国农业大学东校区，这一景象令人印象深刻，也深深影响了设计者对建筑的构思。

为迎接奥运，中国农业大学确定了位于校园体育活动区内150m×200m的体育馆建设用地。尽管局促，却是校园内不可多得的中心地段。在陆续建设的校园新建筑的簇拥下，体育馆成为校园中心区的最为突出的主体建筑。因此在建筑体量处理和景观处理上应突出体育馆主体建筑的标志性作用；另一方面，鉴于校园内建筑紧凑的布局方式，应该采用相应的手法，使体育馆的尺度能够与周边小尺度的建筑相衔接。把握好体育馆与校园环境的协调性和体育馆主体建筑的标志性，是体育馆设计的关键。

从校园总体规划的角度考虑体育馆的定位，将建筑单体和景观统一设计，塑造校园中心区，突出大体量体育馆，主体比赛馆的标志性形象，将附属用房与周边建筑相协调。

由于用地北面的食品实验楼和三号学生公寓大楼的存在，将体育馆主体建筑布置于用地的北部或中部都将会使布局显得较为局促。将体育馆主体建筑布置于用地南端则相对减弱了对周边环境产生的不良的压迫感，使原先较为松散的校园开敞空间得以有效的界定和组织，有利于突出体育馆作为校园中心区主体建筑的统筹全局的作用。通过综合优化比较，设计方案将体育馆主体布置在用地南端，游泳训练中心布置在用地北端，西侧形成集散广场，和主校道西侧原有的绿带一起形成校园中心区的主要空间节点。

在用地相对紧凑的情况下，合理的规划赛后用房改造是设计者功能设计的基本出发点。作为奥运比赛馆，体育馆的形象必须具备纪念性；同时作为校园建筑，设计又必须面对其与环境协调的问题。在造型设计时，既考虑了突出比赛馆的标志性和纪念性，也考虑了体育馆造型与周边其他建筑的协调性和相容性。

2. 形式思索

体育场馆的形式处理是最被人重视的方面，标志性成了重要的目的。作为奥运比赛馆，体育馆的形象必须考虑突出比赛馆的标志性和纪念性。而身处校园环境的局促环境中，体育馆设计必须还应考虑相应的协调性与相容性。

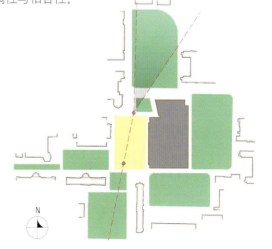

5-12 开放空间界定

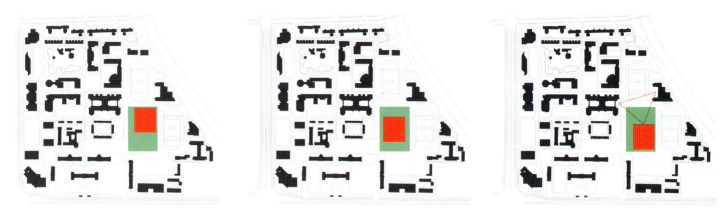

5-13 总平面分析

5-14 日照分析（选取北京冬至日作日照分析）

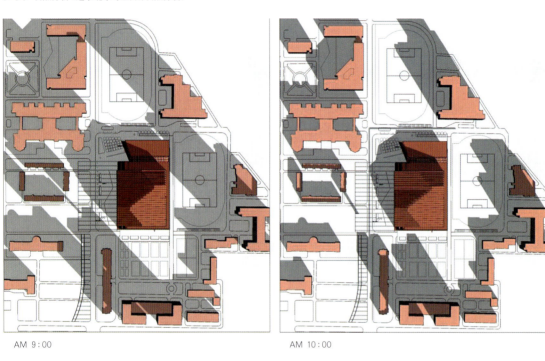

AM 9:00　　　　　　　　　　　　　　　AM 10:00

AM 11:00　　　　　　　　　　　　　　AM 12:00

基于上述分析,设计者确定了摔跤馆简洁、内敛的性格定位,以此作为结构选型、体量组合的原则。

体育馆由比赛馆、游泳馆以及局部平台组成。比赛馆是主要体量,平面约90m×90m,屋面为反对称的折面,采用巨型门式刚架结构,使建筑在规则的平面下富有韵律感。东西立面的檐口是反对称的起伏折线。通过硬朗的折线檐口和屋脊,丰富了天际轮廓线,展现了阳刚之美,突出纪念性。游泳馆处理同样弱化体量,照顾附近其他建筑。

3. 场地选型与视点确定

作为新时期的高校体育馆,其场地大小的确定需要充分考虑日常高校教学与多种活动的需求。经比较,设计者确定40m×70m的场地尺寸最适于本规模的高校体育场馆的使用。不仅满足奥运会的摔跤比赛、残奥会的排球比赛要求,会后教学场地的布置也具有极大的灵活性。当学校举办重大典礼与集会、演出时会结合活动座席的布置,灵活调整场地大小与座位数量,馆内最大容量将可以超过万人,最大限度地满足中国农业大学作为国内一流高校的使用。

视点的确定同样经过了多方案的比较,除奥运会摔跤比赛外还考虑到体操、篮球、手球、集会、演出等多种需求后,视点确定为摔跤垫边线外1.5m处,视线差为6cm,以便于确保舒适的视觉质量。

4. 方案调整

设计方案从招标方案到实施方案经过多次调整。其中较大的一次调整发生在"奥运场馆瘦身"运动期间。方案调整除了涉及场馆规模压缩,也对方案本身进行了优化,包括:大跨度结构单元的减少,大跨度结构优化设计。调整后的方案取消了角部部分视觉质量较差的座席,将建筑总高度从原先37m降低到30m,檐口最低点降低到20m以下,使建筑尺度更容易与校园尺度衔接上。同时对比赛厅的山墙立面设计进行了调整,通过竖向线条的扭曲变化,强化了造型设计。另外,在保证体育馆主厅规模的情况下,取消了比赛厅的两个边跨,每跨也减小了12.4m,提高比赛厅空间的使用效率,降低了造价,优化了节能效果。副馆采用预应力混凝土结构设计,跨度从原先的32m减小到28m,从而降低了场馆长期运营养护费用。

5-15 场地内景

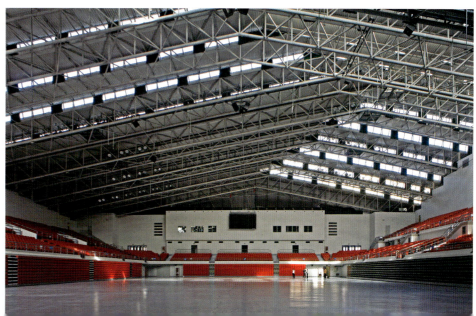

视线设计

视点：视点选择结合摔跤比赛的特点和平时使用率较高的篮球比赛场地，选择在摔跤垫边线外1.5m处固定坐席首排高度；首排高度选择2.5m，固定座席C值取6cm，最大俯视角19°，活动看台首排高度40cm。

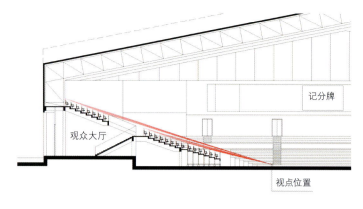

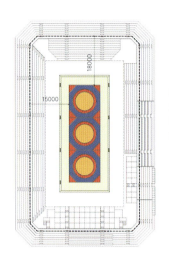

1.赛时视线设计主要是以满足观看摔跤比赛的要求为标准。

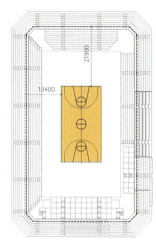

2.赛后视线设计主要是以满足观看篮球比赛的要求为标准。

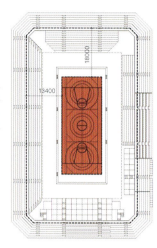

3.因此，体育馆视线设计考虑到赛时、赛后利用，能同时满足观看摔跤比赛和篮球比赛的要求。

5-16　场地选型与视点确定

5-17　剖面高度调整示意图

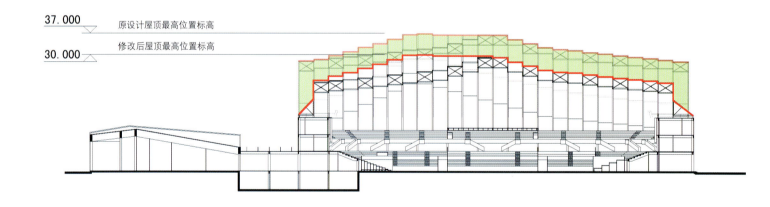

三大理念实施
Three Concepts Realization

场馆设计采用太阳能，雨水收集，先进空气处理，绿色照明等节能、节水、节材技术，体现"科技奥运，绿色奥运，人文奥运"的三大理念。

由于赛后将以学生使用为主，节能降耗成为高校体育馆能否真正为学生服务的关键。基于多年来的研究与体育场馆使用情况的调研，设计者在设计中将自然采光通风的可能性作为十分重要的原则来遵守。经过艰苦努力，建筑造型与自然通风、采光很好地结合起来，层层错开的屋面与外墙便于引入自然光，也便于利用主导风向组织通风。初步建成的效果令人十分满意。

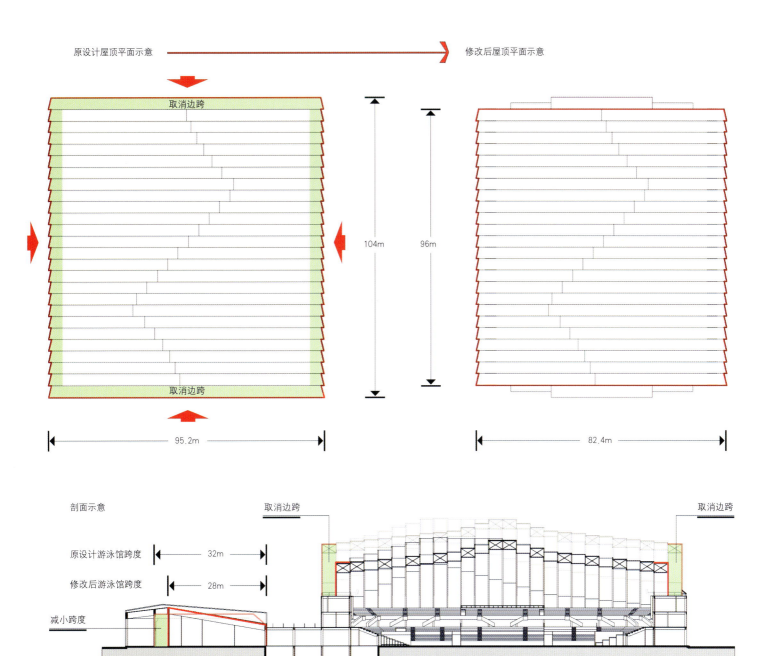

5-18 跨度调整示意图

5-19 比赛厅采光示意

5-20 比赛厅采光窗内景

残奥会利用
Paralympic Function

为保证残奥会比赛及无障碍设计要求,将坐式排球比赛场地设计在奥运会期间摔跤比赛场地内,即摔跤馆首层。在坐式排球馆方案设计中,充分利用摔跤馆永久使用功能及奥运会期间使用功能,将比赛后重新改造部位及改造量减少到最少。

建筑主体严格按照大纲要求的《国际残疾人奥林匹克运动会场馆技术手册》和残奥会竞赛场馆功能和技术要求设置相关的设施。为残疾人设置了专用的无性别卫生间、带陪护的专用座席、残疾人专用电梯、地面盲道等设施。

后奥运时代的思考
Post-Olympic Thoughts

奥运体育场馆的重要特点就是赛事需要的大量用房,将面临赛后的处置问题。一味强调商业用途的转换,即便是社会场馆也不会轻易成功,本次奥运的赛后利用还要经过实践的严酷考验。设计者在本馆的设计中,始终注意空间的集约,在有限的体积内尽力完成最大灵活性的功能转换。结果是,在体积不变,主馆仍然能够满足国际单项赛事要求的情况下,赛后馆内还将出现一个供学生使用的具有一个标准游泳池的设施完善的游泳馆。

5-21 赛后改造

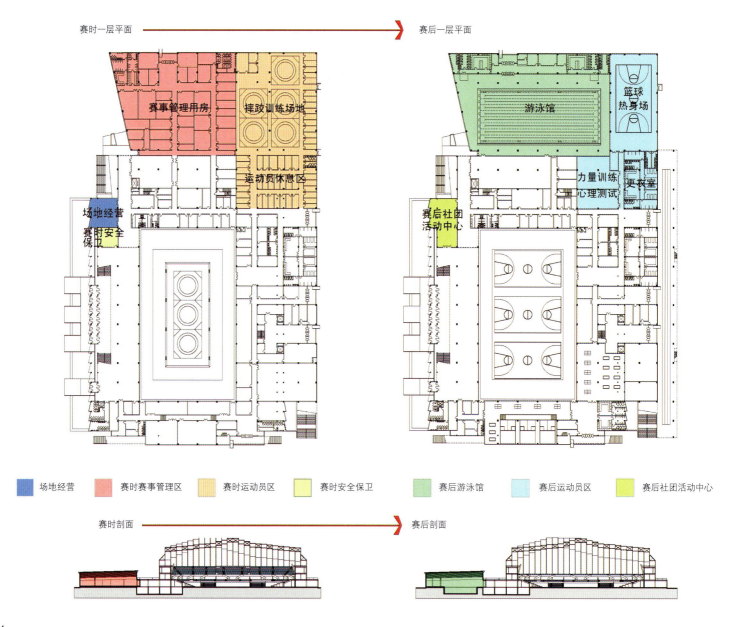

第 06 篇

北京大学体育馆
Peking University Gymnasium

项目总览
Project Review

1. 项目概况

北京大学体育馆（2008年奥运会乒乓球比赛馆）位于北京大学校内原露天游泳池的位置上，东临中关村北大街，北临法学楼，南接太平洋大厦二期，总建设用地面积约1.71hm^2，总建筑面积约26520m^2，建设项目包括比赛馆、室内游泳池及室外配套设施，是2008年北京奥运会新建的主要比赛场馆之一。作为2008年北京奥运会的乒乓球比赛用馆，赛时提供座位约8000个。比赛场地可同时供8张乒乓球台比赛，热身场地可供16张乒乓球台训练。此外，还在体育馆室外（西侧）布置有大面积停车场、广播电视综合区以及后勤服务区等场地。

6-01 北京大学体育馆总平面图

01 赞助商停车场
02 观众入口
03 残疾人入口
04 赞助商入口
05 紧急疏散
06 运动员入口
07 媒体入口
08 救护车停车场
09 贵宾停车场
10 安保停车场
11 赛事管理停车场
12 运动员停车场
13 媒体停车场
14 广播电视综合服务区

6-02 北京大学体育馆实景

建筑方案以"中国脊"为设计理念,展现北京大学人文环境的造型理念,体现乒乓球运动的精神内涵和体育建筑空间的表现力,同时贯彻绿色奥运的设计理念,通过建筑手段使体育馆同周边环境和谐统一,充分利用自然采光和先进的通风系统,营造舒适、宜人的室内环境。

6-03 北京大学体育馆中央穹顶

147

6-04　体育馆室内场景1

6-05　体育馆室内场景2

6-06 体育馆室内场景3

6-07 外墙细部

6-08 体育馆入口

6-09 观众休息厅 6-10 观众入口门厅

2. 项目信息

(1) 经济技术指标

建设地点：北京海淀区颐和园路5号，北京大学校区内

奥运会期间的用途：第29届奥运会乒乓球训练、热身及比赛场馆

奥运会后的用途：举办乒乓球、手球、篮球、羽毛球、排球等比赛，也可供专业运动员训练及大学生上体育课，同时还可以作为举办大型学生集会和文化表演的场地

观众座席数：

· 赛时，共有观众座席7920座

　　其中，固定座席5720座，临时座席2200座

· 赛后，共有观众座席6720座

　　其中，固定座席5520座，临时座席1200座

檐口高度：21.900m

屋脊高度：31.434m

层数：体育馆地上4层，地下2层

占地面积：1.71hm^2

总建筑面积：26520m^2

　　其中，地上建筑面积16153m^2，地下建筑面积10367m^2

建筑基地面积：8380m^2

道路、停车、广场面积：4189m^2

绿化总面积：4531m^2

绿化率：26.5%

容积率：0.94

建筑密度：49%

机动车停放数量：

· 赛时：地上303辆(临时占用西侧停车场)

· 赛后：地上66辆

（2）相关设计单位及人员

设计单位：同济大学建筑设计研究院

主要设计人：钱锋、汤朔宁、孙宏亮、朱华等

方案征集
Draft Plan

1. 任务及方案征集概述

奥运场馆设计大纲要求在北京大学校内建设2008年奥运会乒乓球比赛馆——北京大学体育馆。北京大学体育馆作为第29届奥林匹克运动会乒乓球训练、热身及比赛场馆，赛后可举办乒乓球、手球、篮球、羽毛球、排球等比赛，也可供专业运动员训练及大学生上体育课，同时还可以作为举办大型学生集会和文化表演的场地。建筑面积约为26520m²，投资规模约为2.6亿人民币。竞赛有6家设计单位参加，其中国外3家，国内3家。经专家评审，同济大学建筑设计研究院、中国建筑设计研究院与日本仙田满+环境设计研究所的设计方案优胜入围。经方案优化调整，确定同济大学建筑设计研究院的方案为中标实施方案。

2. 中标方案

北京大学体育馆的"中国脊"的设计立意，较好地体现了北大以及乒乓球运动在各自领域内的成就：民族之脊——百折不挠的精神象征；北大之脊——中国现代教育的脊梁；国球之脊——中国体育运动的脊梁；建筑之脊——传统建筑灵魂的体现。

总体布局较合理，既满足了功能与交通流线的要求，又较好地解决了西北角"治贝子园"与古树的保护问题；场馆功能布局合理，既能满足2008年奥运会乒乓球比赛时的各项要求，又充分考虑了场馆赛后的多功能利用，同时还最大限度地减少了赛后改建的工程量；场馆外形设计典雅大方，既与北大传统文脉相呼应，较好地融入到北大校园中，又能体现21世纪体育建筑的风采。

6-11　日景透视效果图

6-12 夜景鸟瞰效果图

6-13 夜景透视效果图

6-14 室内效果图

东立面图

南立面图

西立面图

北立面图

6-**15** 立面图

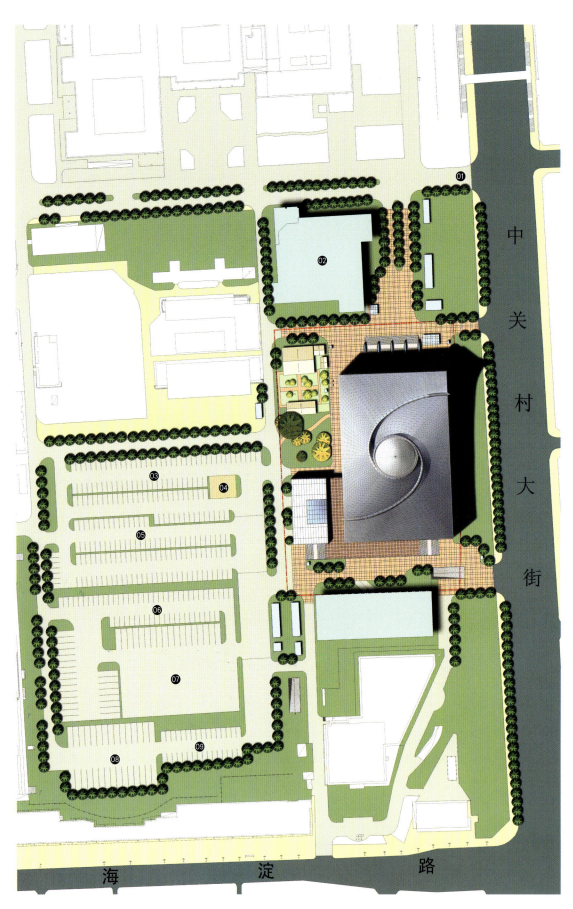

01 东南门
02 法学楼
03 贵宾停车场
04 安保停车场
05 赞助商停车场
06 媒体停车场
07 媒体器材存放场地
08 运动员停车场
09 竞赛委员会停车场

6-16 赛时总平面图

01 东南门
02 法学楼
03 观众自行车停车场
04 贵宾停车场
05 运动员停车场
06 学生、教师入口
07 运动员入口

6-**17** 赛后总平面图

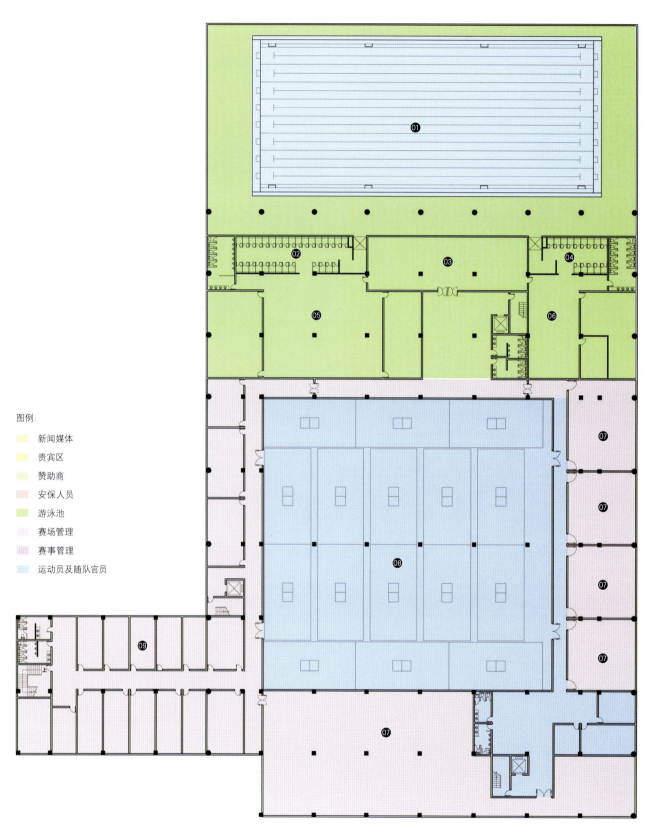

6-18 赛时地下二层平面图

01 游泳池
02 男淋浴
03 休息厅
04 女淋浴
05 男更衣室
06 女更衣室
07 器材
08 热身场
09 客房

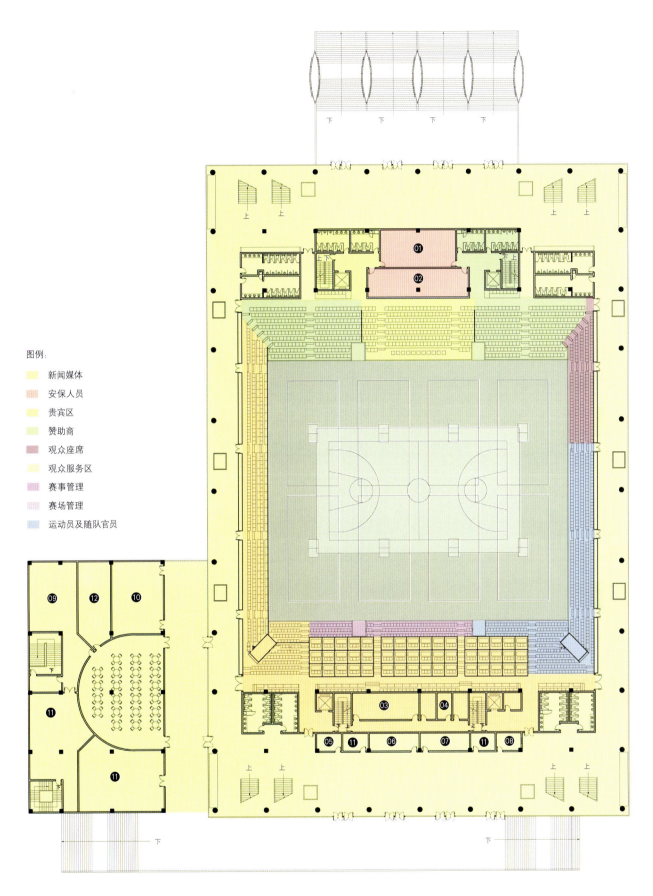

01 随身警卫室　　05 问询处　　09 快餐厨房　　6-19　赛时观众入口层平面图
02 警卫机动室　　06 观察室　　10 商店
03 信息控制中心室　07 医疗室　　11 仓库
04 广播评论室　　08 失物招领　　12 备餐

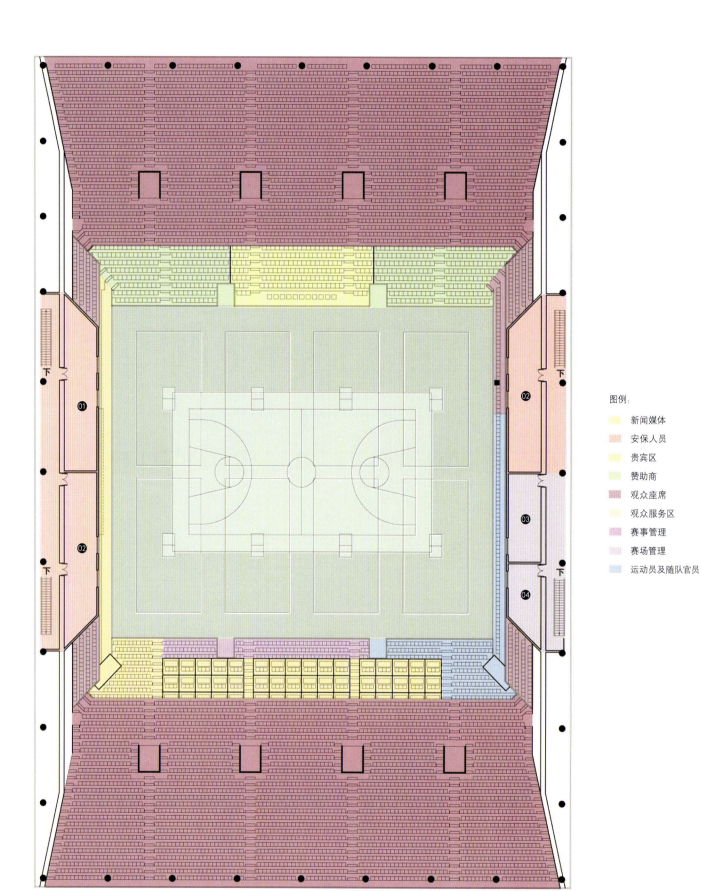

6-20 赛时座席层平面图

图例：
■ 新闻媒体
■ 安保人员
■ 贵宾区
■ 赞助商
■ 观众座席
■ 观众服务区
■ 赛事管理
■ 赛场管理
■ 运动员及随队官员

01 消防通信指挥室
02 安保观察
03 扩声控制
04 照明控制

建筑解读
Architectural Analysis

1. 方案深化

根据专家评审意见和要求，北大体育馆外观造型应与北京大学建筑风格相符合，同时专家建议减少建筑外立面的大片玻璃，适当增加实墙面元素，加强建筑体量的表现力，解决方案在建筑造价、节能效率方面的问题。修改方案继承原中标方案整体的功能布局、空间及流线组织关系，进行了多方案的比较研究。

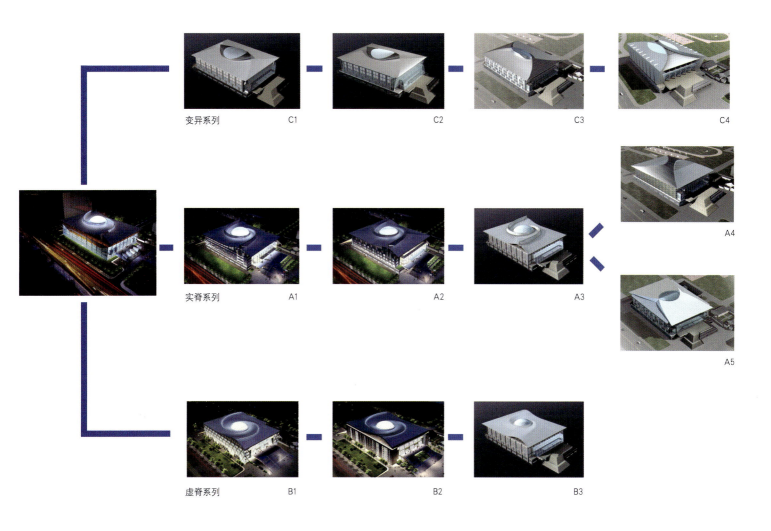

6-21　屋盖系列演变图

设计方案在最初阶段就以"实脊"为建筑造型设计特点，旨在为了体现民族之脊、北大之脊、国球之脊、建筑之脊这四种特质。其中，屋顶上的实脊与玻璃穹顶展现了活跃与稳重的两种设计元素。而在方案修改与调整过程中，进行了屋盖的变异系列与虚脊系列的设计尝试与探索，变异系列是屋脊与穹顶共同在变化，与北大精神的本质不相符，缺乏稳重之感；虚脊系列则是在穹顶不变的前提下，将屋脊进行虚化，结果却使得设计方案最核心的"中国脊"的表现力被弱化了。因此，最终的实施方案，仍旧是在实脊系列下进行调整修改之后得出的。

6-22 修改方案1鸟瞰图

6-23 修改方案1透视图

6-24 修改方案2鸟瞰图

6-25 修改方案2透视图

6-26 修改方案3鸟瞰图

6-27 修改方案3透视图

6-28 修改方案4鸟瞰图

6-29 修改方案4透视图

6-30 修改方案5鸟瞰图　　　　　　　　　　6-31 修改方案5透视图

6-32 修改方案6鸟瞰图　　　　　　　　　　6-33 修改方案6透视图

6-34 修改方案7鸟瞰图　　　　　　　　　　6-35 修改方案7透视图

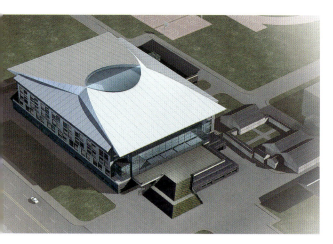

6-36 修改方案8鸟瞰图

6-37 立面系列分析图

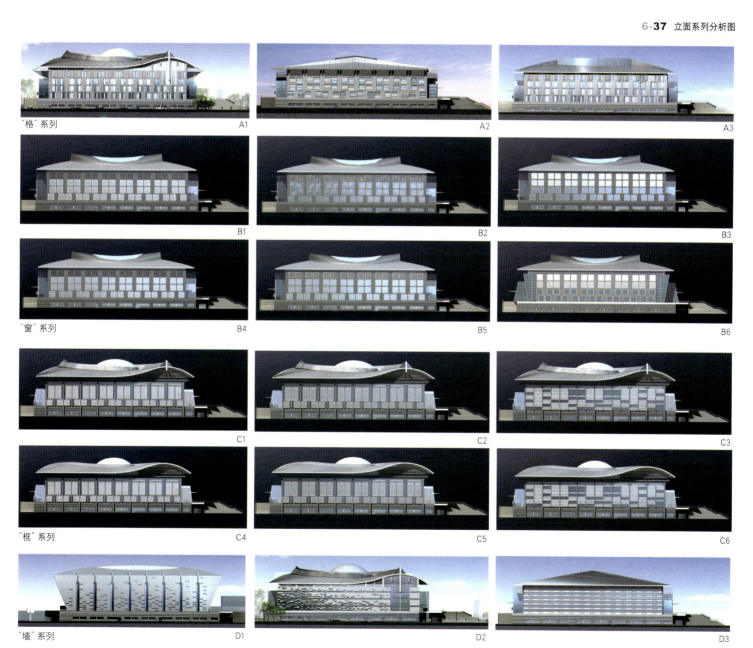

"格"系列　A1　A2　A3

"窗"系列　B1　B2　B3　B4　B5　B6

"框"系列　C1　C2　C3　C4　C5　C6

"墙"系列　D1　D2　D3

2. 方案调整

北京大学体育馆的实施方案以"中国脊"为设计理念，突出更高、更快、更强的奥运精神，体现绿色奥运、科技奥运的主题，以及注重建筑环境文脉，突出学校体育建筑的特色。

乒乓球运动对速度、力量、旋转等方面的综合要求很高，而屋面上两条屋脊旋转所形成的曲面，很好地诠释了乒乓球运动的真谛。而屋盖中央的玻璃球体也象征着乒乓球的形状。

在形体处理中，充分体现了体育建筑内部功能与外形的联系，由旋转屋脊与中央透明球体组成的屋盖体现了体育建筑力的神韵，并与下部体块之间形成实与虚的对比。

在建筑外立面设计上，所用的框架状矗立的素混凝土板，是从中国传统建筑的结构形式中获得的灵感，其端庄的构图形式能够与周边其他的北大建筑取得呼应。在金属屋盖与墙体之间，还精心设计了一段向外倾斜的百叶，它既起到了不同材料之间的过渡作用，又隐喻着中国传统建筑中斗栱的形象。

总体来看，实施方案的设计风格坚韧有力，既体现了"中国脊"的民族精神，又符合北方建筑对热工的要求。体育馆东西两侧采用素混凝土板饰面并结合构图需求布置玻璃窗和金属板，以形成实与虚、粗壮与精细、传统与现代之间的对比。

6-38 北京大学体育馆夜景效果图

01 赞助商入口　05 器材入口　09 赛管入口
02 贵宾入口　　06 安保入口　10 场管入口
03 后勤入口　　07 运动员入口
04 赛场　　　　08 媒体入口

6-39 中标方案赛时一层平面图

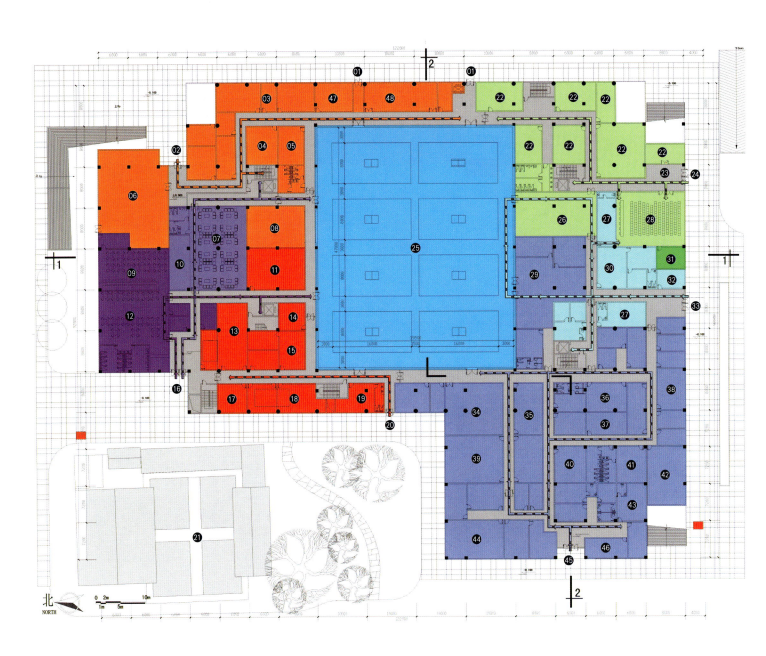

6-40 实施方案赛时一层平面图

01 紧急疏散口
02 残疾人入口
　　场馆运营入口
03 场馆经理
04 会议
05 礼仪引导室
06 志愿者及工作人员休息区
07 赞助商休息厅
08 活动座椅存放
09 VIP酒吧
10 接待区
11 要人避险
12 VIP餐厅
13 安保监控
14 奖牌存放
15 安保指挥
16 赞助商入口
　　贵宾入口
17 存储
18 安保会议室
19 反恐人员备勤室
20 安保入口/紧急疏散口
21 冶贝子园
22 文字记者工作区
23 媒体接待厅
24 媒体入口
25 赛场
26 混合区
27 运动员休息
28 新闻发布厅
29 检录
30 药检
31 转播
32 安检
33 运动员入口
34 计时计分及现场处理机房
35 总记录室
36 比赛信息中心
37 竞赛管理储藏
38 竞赛办公会议室
39 成绩分发与复印
40 IT设备存放间
41 比赛区域管理办公室
42 竞委会贵宾休息室
43 国际乒联主席
44 数据网络中心
45 赛事管理入口
46 国际乒联休息室
47 职能主管
48 器材库

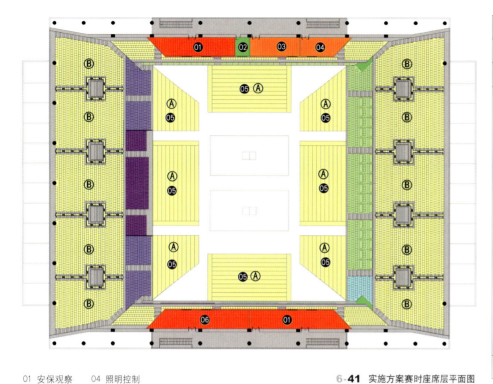

分类		数量(座)	尺寸(mm)	排矩(mm)	分布区域
活动座席		2200	480	800	A
固定座席		5720	—	—	—
其中	普通观众座席	4240	480	800	B
	残疾人席	24	900	—	C
	VIP席	186	550	900	D
	赞助商席	422	550	900	E
	运动员席	355	480	800	F
	文字媒体记者席（有工作台）	66	600	800	G
	文字媒体记者席（无工作台）	179	480	1200	H
	摄影记者席	124	480	800	J
	媒体评论员席	48	550	2000	K
	观察员席	76	480	800	L
总计		7920	—	—	—

01 安保观察　04 照明控制
02 内场播音　05 活动座椅
03 扩声控制　06 消防通信指挥室

6-41　实施方案赛时座席层平面图

6-42　实施方案室内效果图

技术设计
Technology Design

1. 预应力钢结构的设计与施工技术

体育馆钢结构屋盖采用了预应力钢结构桁架壳体。由于建筑造型的限制，壳体较平，屋盖结构对下部结构推力较大，下部结构由于受场地限制，支撑条件较弱，如何满足建筑造型，同时又要减小屋盖对下部结构的推力，成为屋盖结构设计中的难点。通过详细的分析，采用了抗震球铰滑动支座释放屋盖推力，同时通过预应力拉索来弥补支座释放后屋盖刚度的削弱。由于北京为地震烈度8度区，支座通过限位装置，控制罕遇地震下的变形，在活荷载、风荷载、雪荷载和多遇地震作用下支座为滑动支座。抗震球铰滑动支座的模拟，屋盖在地震作用下的分析，预应力张拉的模拟是关键问题，是结构设计的高级技术问题。

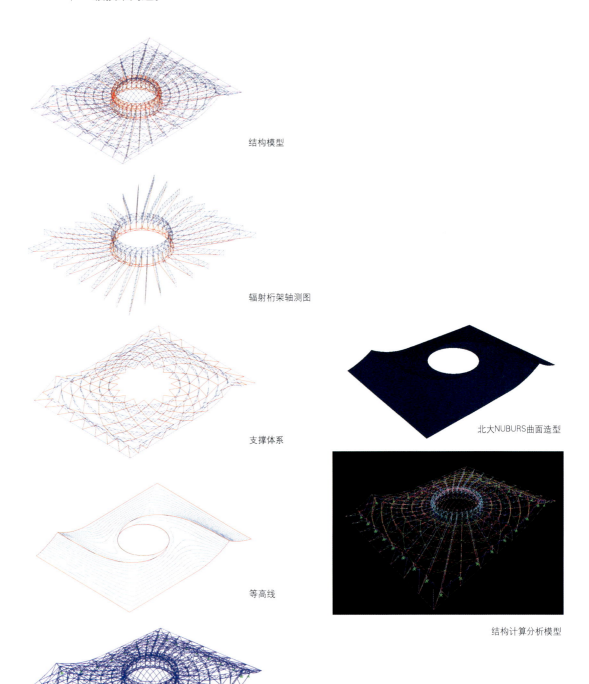

6-43 预应力钢结构模型图

结构模型

辐射桁架轴测图

支撑体系

北大NUBURS曲面造型

等高线

结构计算分析模型

结构计算模型实体

2. CFD技术辅助室内气流组织设计

CFD是英文Computational Fluid Dynamics(计算流体力学)的简称。运用CFD技术对室内气流进行分析,相当于在计算机上做虚拟仿真实验,可以预测室内空气的流动情况

根据国际乒联和我国相关设计规范的规定,乒乓球比赛场地内的风速应小于0.2m/s。在设计过程中,设计人员利用已建立的计算物理模型,对比赛大厅可采用的各种气流组织形式进行了反复的模拟计算,预测其运行效果,有效地指导了室内的气流组织设计,使赛场内的风速达到小于0.2m/s的设计标准。

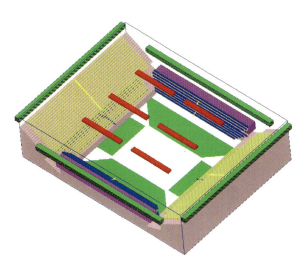

6-44 赛场气流组织计算物理模型

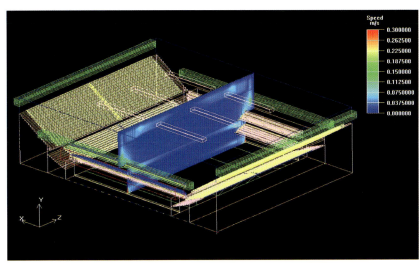

6-45 赛场某断面速度场

3. 地源热泵系统的利用

本工程中,所利用的浅层地热能为土壤热能,相应的空调系统形式为地源热泵空调系统。夏季,空调系统吸收室内的余热并排至土壤;冬季,空调系统从土壤内吸收低品位热能并提升能级为室内供热。由于土壤的温度波动受气候的影响较空气小,土壤源热泵空调系统的运行较常规空调系统节能10%以上。

4. 能量管理及照明控制系统

北京大学体育馆主赛场、热身场和游泳池的照明控制,都采用了分布式智能照明控制系统(分布式智能照明控制系统是分布控制、集中管理的照明控制管理系统),从而实现了可预置灯光场景,能够根据不同的使用和转播等方面的要求,快捷地进行相应灯光场景的切换,是高科技运用与人性化设计思路的结合。分布式智能照明控制系统的应用较常规照明控制系统节约电能10%左右。

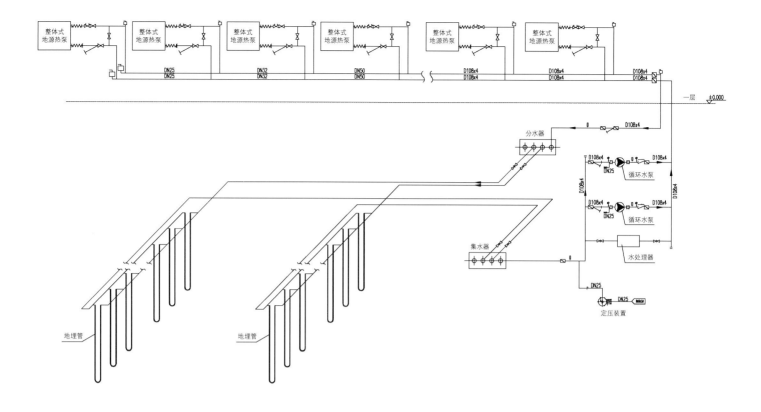

6-46 地源热泵流程图

6-47 智能照明控制系统示意图

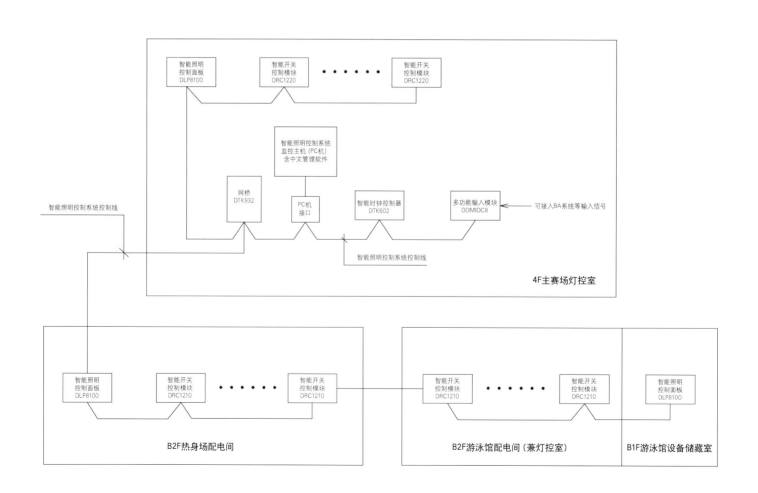

三大理念实施
Three Concepts Realization

北京大学体育馆设计有足够的技术装备、完善的设备设施,设计注重运用"新技术、新工艺、新材料、新设备",在满足奥运会体育赛事复杂功能要求的同时,充分体现出"绿色奥运、科技奥运、人文奥运"的三大设计理念。

1. 绿色奥运

坚持可持续发展的思想,场馆设计采用先进可行的环保技术和材料,最大限度地利用自然通风和采光;

秉承"绿色奥运"的理念,强调人与自然和谐的宗旨,是北京申奥的承诺,也是奥运场馆建设的基本原则和首要条件。

北大体育馆位于基地偏东侧,避开治贝子园和古树,南北两侧为观众疏散场地。建筑整体布局向东侧退让,形成西部治贝子园、古树和新建院落的连续景观,并为使用者提供适用的外部活动空间,以多样的空间感受与景观的变化引导新鲜不同的体验,从而与北大370余年的历史积淀形成的宁静典雅的建筑园林风格相协调。

北大体育馆的形象注重体现北京,尤其是北京大学的深厚文化内涵,建筑外立面呈框架状矗立的素混凝土板,是从中国传统建筑的结构形式中获得的灵感,其端庄的构图形式能够与周边其他的北大建筑取得呼应。内外层围护结构、先进的通风系统以及高效节能的材料设备与技术应用,在营造舒适、宜人的室内环境的同时又体现了绿色环保理念。

(1)可再生能源利用

太阳能光电技术,太阳能光伏发电路灯。赛场周界500m,其中50%的地方利用到该路灯。100W/盏,共50盏。

太阳能光热技术,太阳能热水系统。游泳池水加热。集热面积300m^2,每年节能24万kW。

(2)自然通风技术

比赛大厅、外区所有房间,上部可控制百叶排风,下部通过门洞进风,建筑物外区可开启外窗,可替代强制机械通风系统。

(3)绿色照明技术

室内办公场所、门厅、立面和广场照明均采用绿色、节能、高效、长寿、环保灯具,拟采用T5荧光灯管和LED照明灯具,均达到国内领先水平。

比赛大厅采用体育照明控制系统,室内其他公共空间及景观照明采用场景照明控制系统,控制覆盖范围达80%。不同场景照明控制,采用体育照明及其他室内场景、立面场景及景观场景照明等控制系统,达到国际先进水平。根据不同需求、不同时段及自然光环境设定多种场景模式,节约电量30%。

(4)绿色建材,再生或可再生材料

整个体育馆外墙体采用陶粒混凝土核心砌块,内墙采用轻质墙板,有利于建筑节能。节能30%。

(5)环境保护

消耗臭氧层物质(ODS)替代技术和产品给排水:移动通信机房;暖通:制冷设备。给排水:采用七氟丙烷作为灭火气体;暖通:空调采用R-134A和R410A作为制冷剂,无污染、无热岛效应,对臭氧不产生破坏。

2. 科技奥运

运用信息技术、材料、环保等高新技术,将北京大学体育馆设计成一流的体育设施。

北京大学体育馆(2008年奥运会乒乓球比赛馆)是按奥运会体育场标准来设计的,有足够的技术装备、完善的设备设施,并注重馆内的多功能性和多用途的综合利用。立面造型风格坚韧有力,既体现了"中国脊"的民族精神,又符合北方建筑对热工的要求。体育馆东西两侧采用素混凝土板饰面并结合构图需求布置玻璃窗和金属板,以形成实与虚、粗糙与精细、传统与现代之间的对比。

体育馆的围护结构分为内、外两层,外层观众厅及走廊采用相当面积的实墙开点窗围合。内外层围护结构之间形成的环廊,在冬季起到阳光室保暖的作用,在夏季则起到通风降温的作用,以节约能源。屋顶的中央穹隆、正脊,设计成可开启式窗,保证室内良好的自然采光和自然通风,满足学校平时训练使用。

通过结构设计节省钢材用量。体育馆屋盖预应力钢结构桁架系统,采用了抗震球铰滑动支座释放屋盖推力,同时通过预应力拉索来弥补支座释放后屋盖刚度的削弱。共有32个钢结构屋盖滑动支座。

体育馆大空间声学效果控制技术及设备,比赛大厅场地四周1.5m以上采用吸声木丝板,1.5m以下木质装饰板后留空腔。中频满场混响时间为1.75s。

3. 人文奥运

反映乒乓球运动精神内涵和作为中国国球的民族精神,充分体现北京大学的人文精神。

北京大学作为中国近代史上第一所国立综合大学,正向着世界一流大学的目标奋进,将国人最看重的奥运会乒乓球比赛放在新建的北京大学体育馆举行,把"国球"与"国校"联结在一起,既体现了国家和奥委会对北大的信任,又体现了奥运会的人文理念。"爱国、进步、民主、科学"的北大精神与"更快、更高、更强"的奥林匹克精神,将因为这个机缘结合在一起,并且得到很好的弘扬,对中国体育事业和中国教育事业的发展都有着推动作用。

残奥会利用
Paralympic Function

一层设有无障碍通道通过电梯直通二层观众休息大厅,并于体育馆西北角设永久性残疾人坡道通往二层平台。一层西侧设残疾人吸烟区。

二层观众区设53座无障碍座席,一、二层各设一组无障碍专用卫生间,并于一层体育馆南端室外设临时无障碍专用卫生间10个。场地内设运动员残疾人座席40个,贵宾、赞助商看台设残疾人座席34个,新闻媒体人看台设残疾人座席7个。此外,场馆内还设有残疾人专用的热身场地、盥洗间、轮椅修理处等空间。

后奥运时代的思考
Post-Olympic Thoughts

奥运会赛后，北京大学体育馆经改造将容纳观众6000人。该馆在功能上既满足北京大学体育教学、科研、训练的需要，又能与学校现有的其他场馆形成互补，突出特色；同时该馆将向全校师生员工和社会开放，承接国内外重大体育赛事、文艺演出、大型集会等，成为全校广大师生员工和周边社区群众体育活动、休闲的重要场所。

体育馆赛时用房赛后改造为乒乓球高水平俱乐部训练房间、运动员宿舍、形体房、体育舞蹈房、健美操房、教室、体育沙龙和体育教研部办公室、会议室、教师休息室等。

体育馆地下室房间赛后利用增加功能用房为游泳馆（标准泳池、蒸汽浴）、器械健身房、武术馆、重竞技馆、台球厅、沙壶球厅、壁球室、保龄球厅、室内足球、抱石馆、击剑厅、器材库、测功仪房、荡桨池和备用房间等。

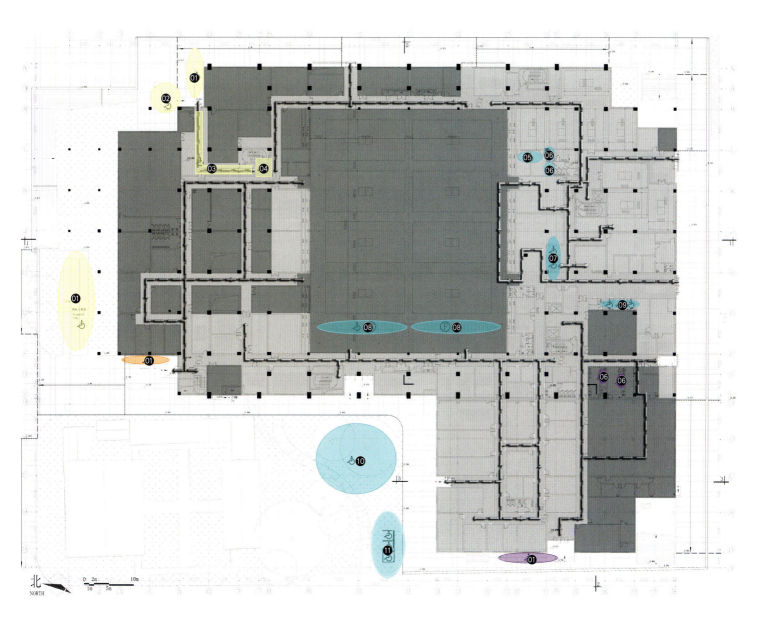

01 无障碍坡道
02 残疾人观众入口
03 残疾人观众通道
04 观众无障碍专用电梯
05 运动员更衣室
06 无障碍厕位
07 运动员无障碍专用电梯
08 运动员残疾人座席
09 无障碍卫生间
10 残疾人吸烟区
11 临时无障碍卫生间

6-48 无障碍设施分区图1

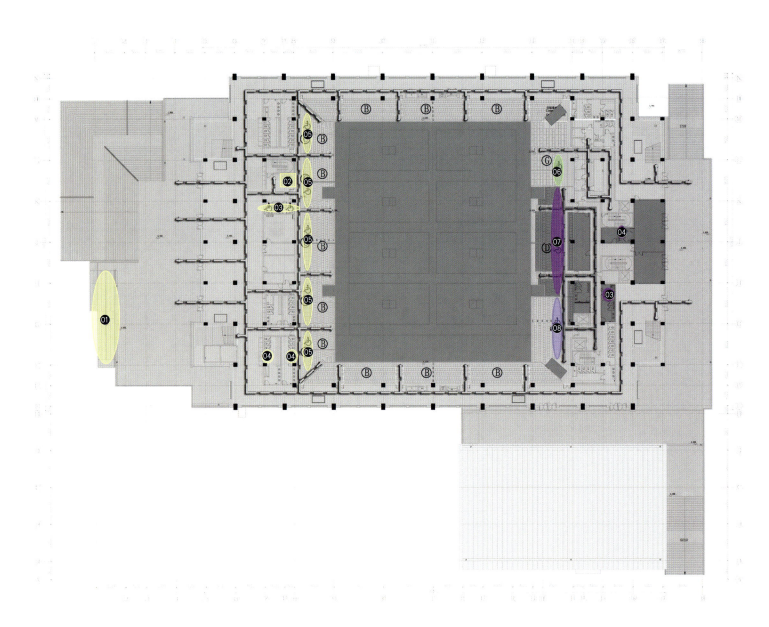

01 无障碍坡道　　　05 观众区残疾人席
02 观众无障碍专用电梯　06 媒体区残疾人席
03 无障碍卫生间　　07 残奥会大家庭区残疾人席
04 无障碍厕位　　　08 赞助商区残疾人席

6-49　无障碍设施分区图2

第 **07** 篇

北京科技大学体育馆
Beijing Science & Technology University Gymnasium

7-01 全景鸟瞰

项目总览
Project Review

1. 项目概况

2008年奥运会柔道、跆拳道比赛馆（北京科技大学体育馆）承担奥运会柔道、跆拳道比赛，在残奥会期间作为轮椅篮球、轮椅橄榄球比赛场地。工程由主体育馆和一个50m×25m标准游泳池的游泳馆组成，总建筑面积24662.32m^2。主体育馆赛比赛区为60m×40m的长方形场地，赛中观众座席8012个，其中固定座席4080个，租用临时座席3932个，赛后临时看台拆除，恢复为5050标准席（另有1230席活动看台），可承担重大比赛赛事（如残奥会盲人柔道、盲人门球比赛、世界柔道、跆拳道锦标赛），承办国内柔道、跆拳道赛事，举办学校室内体育比赛、教学、训练、健身、会议及文艺演出等，也是校内游泳教学、训练中心及水上运动、娱乐活动的场所。

"立足学校长远功能的使用，满足奥运比赛要求"的理念贯彻在整个设计中。设计的首要原点是符合学校的使用，功能的组成、空间的设置、赛后空间功能的转换及技术策略的选择都以此为原点，而后按照奥运大纲梳理奥运会比赛的工艺要求。之后，在设计中贯彻的方便拆卸的脚手架式的临时座席的设置、赛后转换的两个室内篮球场的设置、标准游泳池赛中为热身场地的设置、光导管自然采光系统的设置、多功能集会演出系统的设置、太阳能热水补水系统的设置、游泳池地热采暖系统的设置等都实现了设计当初的理念。

通过方案设计招标，清华大学建筑设计研究院取得了柔道跆拳道馆的设计权，设计及配合施工历时三年，该项目于2007年11月竣工验收。

7-02 西侧外景

7-03 外景局部

7-04 入口大厅

7-05 辅助入口

7-06 西侧外景

7-07 外景局部

2. 项目信息

(1) 经济技术指标

占地面积 2.38hm²

总建筑面积：24662.32m²

其中，地上22060.35m²，地下2601.97m²

建筑密度：53.6%

容积率：0.93

绿地率：学校整体绿地平均42.93%

人防面积及等级：

· 人防面积725.49m²

· 人防等级六级，二等人员掩蔽部

建筑高度：

· 体育馆23.75m(檐口高度)

· 游泳馆13.14m(檐口高度)

停车数量：74辆

座席：

· 赛时：8012个标准席

    其中，固定座席4080个标准席，临时座席3932个标准席

· 赛后: 5050个标准席

其中, 固定座席3820个, 活动座席1230个

(2) 相关设计单位及人员

设计单位: 清华大学建筑设计研究院

主要设计人: 庄惟敏、栗铁、任小东、梁增贤、董根泉等

方案征集
Draft Plan

1. 任务及方案征集概述

(1) 建设目标

①把体育馆建设成为与周边城市建筑、整体校园格局协调,具体体现"绿色奥运、科技奥运、人文奥运"理念的体育建筑。

②将奥运赛时使用与赛后长期运营有机结合,建筑功能布局灵活,留有发展余地。赛时、赛后改造费用经济合理。

③成为北京2008年奥运会留给城市及北京科技大学的重要遗产。

(2) 建设标准

体育馆的建设标准应依据世界上体育建筑设计的成功经验,结合中国的设计规范,并满足国际奥林匹克委员会 (IOC)、北京奥运会组委会 (BOCOG) 和国际残疾人奥运会委员会 (IPC) 的要求。

(3) 建设规模

在2008年奥运会期间,体育馆观众座席8000个,将举行柔道、跆拳道比赛。

2. 中标实施方案

(1) 设计理念

①立足科技大学使用功能,满足奥运会各方要求

· 满足奥运会柔道、跆拳道的比赛要求是该馆设计的近期目标。在定位于高校体育馆的基础上,遵循绿色、科技、人文的奥运精神,全面达到奥运大纲的各项功能要求。

· 学校使用功能的满足是该馆长远的目标,符合学校教学、训练、比赛、会议及多功能文艺演出等要求是该馆设计的基本出发点,是学校的百年大计。

· 强调空间功能布局的灵活性和弹性,以尽量少的投资和尽快的时间完成赛时、赛后的功能转换,实现既办好奥运,又能便利地满足学校使用功能的目标。

②遵循勤俭办奥运的宗旨,以成熟的技术追求完美的体现

· 勤俭举办2008北京奥运会——成熟、合理的技术是保证奥运成功且减少不必要的浪费的关键,也是工程质量和工程进度的有力保证。

· 成熟技术不等于落后技术,勤俭不等于简陋,以更精细、典雅、精确的设计体现以人为本的观念和竞技体育的丰富内涵。

· 该体育馆的建设不仅是一个一次性投资的问题,更关系到未来长远使用的技术问题。体育馆的建设不能成为学校今后的一个负担,这是建设者和设计师的社会责任。所以在赛时、赛后功能转换中,力求简洁、高效,空间和材料合理利用,减少浪费,提高便捷性和可操作性。

· 自然通风、采光,简易的遮阳系统,以及声、光、电、空调等的控制系统的合理使用,以最大的限度降低运营成本。

7-08 实施方案夜景透视图

(2) 体现奥运会科技、人文、绿色三大理念

①绿色的景观主题——融入校园的绿化体系

尽最大的可能节约土地和营造绿色环境，使场馆尺寸最小，用地最集中。通过赛时绿化停车场，赛后绿地的方式，使有限的用地转化出更多的绿地。

②阳光、绿树、风——塑造清新健康的环境

自然通风采光，屋顶绿化，室内外灵活交换、渗透，塑造清新健康的体育建筑。

③充分利用可再生自然资源——以适宜技术最大限度地节约能源

选择成熟、可靠、易于维护操作的建筑技术，充分利用阳光、雨水、自然风等可再生资源，巧妙解决体育馆空调、用水、用电等能源问题。

④以适宜的建筑结构技术及生态技术创造健康舒适的比赛环境

在成熟技术中体现精准，以科学合理的手段，通过计算，采用成熟简洁的大跨度结

7-09 实施方案透视图

构体系使用钢量降低,充分满足勤俭办奥运的宗旨和学校建设的要求。采用变频空调系统、中水系统、虹吸式雨落系统和雨水收集系统等组成技术合理利用,以体现科技奥运精神。同时对光线、通风、温度的有效控制,提供了宽敞、舒适的大型建筑空间。

⑤以成熟的控制系统建立坚实可靠、反应灵敏的安全保障体系

体育馆的安全保障体系对观众疏散、消防系统、反恐防暴等诸方面做出了详细规划设计,建立稳定可靠同时又应急灵敏的保障体系,将大型体育建筑可能造成的危险降至最低。

⑥以先进的智能化信息技术提供方便快捷的通信服务

通信已成为现代体育赛事不可缺少的重要环节。网络技术构成的最先进的通信系统将被采用,为比赛管理、安保、媒体传播提供有力支持。

⑦赛时赛后的快捷灵活的功能转换

强调以人为本,灵活的建筑设计不但使场馆在大赛时满足全部比赛需要,赛时赛后的功能划分和交通流线可以顺利快捷地转换,充分考虑残障人士的无障碍设计,满足残障人员的方便使用。在赛后以最大的限度被学校充分开发利用,形成学生健身活动中心,保持建筑长期不断地高效率使用,满足学校的多种需求,为广大的师生和社会服务。

⑧柔道、跆拳道在高校的普及

随着柔道、跆拳道比赛落户北京科技大学,这两项运动也必然吸引更多学子的参与,在校园内形成普及和发展的土壤,使高水平赛事进入校园。

⑨体现场馆精神

·北京科技大学丰富的人文、地理环境营造了北科大独有的特征。坚实、厚重、理性的气质是北科大人文环境的集中体现。以体育建筑的体量感和表面的肌理,体现一种坚实、厚重和理性的人文精神。

·严谨、精准是理科院校的又一特征,在该建筑的设计中以精致的构件、严谨的逻辑关系营造出一座精美的体育殿堂,极好地契合了北科大的人文精神。

·遵循严谨对称的校园轴线,是该体育馆布局的前提条件。对称、庄重、大气、和谐使校园场所精神得到发扬光大。

7-10 立面图

西立面

北立面

南立面

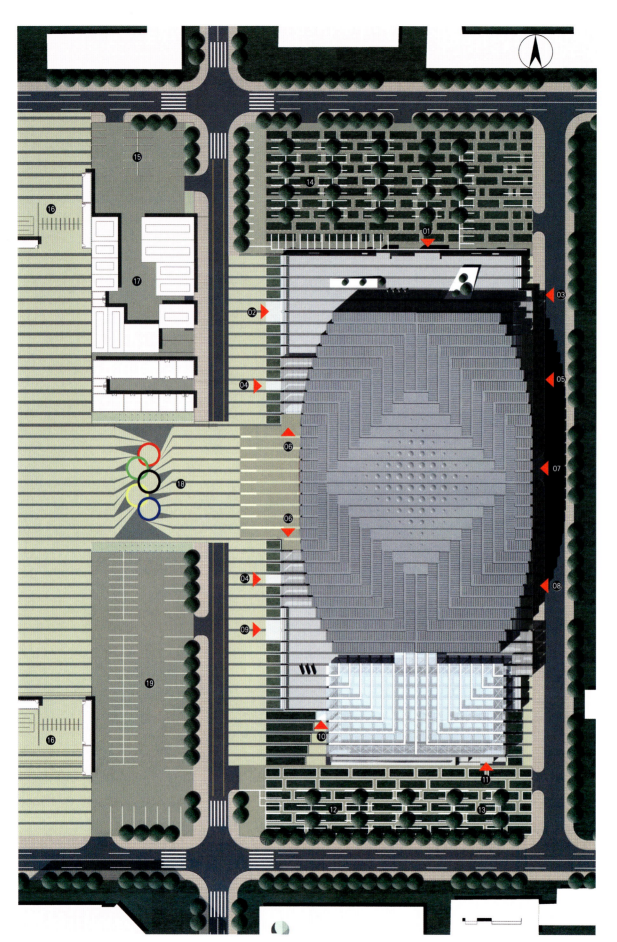

01 贵宾、官员、赞助商入口
02 媒体入口
03 场馆管理人员入口
04 残疾人入口
05 单项联合会官员入口
06 观众入口
07 后勤入口
08 裁判员入口
09 运动员入口
10 辅助入口
11 志愿者入口
12 志愿者停车
13 裁判员停车
14 贵宾停车
15 媒体停车
16 观众安检
17 广播电视综合区（临时）
18 五环广场
19 运动员停车

7-11 赛时总平面图

(3) 功能分区

①比赛馆：

比赛馆包括60m×40m的比赛区和观众座席8012个，共分五部分：

·贵宾、官员通过两部独立楼梯与首层的贵宾休息区和二层的咖啡厅、要人备勤、地下一层的要人避难处相连接，形成完整独立分区。

·新闻媒体包括电视转播媒体、文字媒体、观察员席和摄影记者，通过场地西北角专用楼梯与一层的新闻发布厅、分新闻中心、混合区相关设备用房及场外的媒体技术支持区相连。

·运动员通过场地西北侧专用楼梯与一层的运动员区的比赛热身区、运动员更衣、休息、赛前检录区相连。

·普通观众通过南北两侧的二层室外广场经观众休息厅进入比赛馆。

·残疾人比赛期间随普通观众通过安检后经比赛馆西侧两部残疾人专用电梯和南侧无障碍坡道到达二层残疾人专用席。

②贵宾、官员区：

贵宾、官员车行进入体育馆北侧专用停车场，经专用入口进入贵宾、官员区，其中包括：贵宾餐厅、贵宾接待、安保备勤、贵宾专用休息室等。比赛期间可经两部专用楼梯进入贵宾、赞助商专用座席，也可乘电梯进入二层专用咖啡厅。如遇突发事件，可经楼梯或电梯进入地下一层要人避难处，再经人防通道到北侧专用停车场进行疏散。

③新闻媒体区：

新闻媒体区集中在比赛馆北侧，室外设置广播电视综合区为临时建筑。新闻媒体区位于一层西北部，包括新闻发布厅、分新闻中心（含文字记者公共工作区、摄影记者工作区、管理办公区）、混合区、接待区、服务区（餐饮、休息）临近相关设备机房，记者可经过专用楼梯进入媒体座席。

④运动员及随员区：

运动员及随员区车行进入西南侧专用停车场，经专用入口进入运动员及随员区，包括接待室、运动员更衣室、运动员医疗站、兴奋剂检查站、专用热身场地、餐饮区等。

运动员热身后经专用检录通道进入比赛场，赛后经西侧出口进入混合区，接着完成兴奋剂检查后，回到运动员更衣室，或经混合区进入北侧新闻发布厅。

⑤裁判员区：

裁判车行场馆南侧专用停车场，经专用入口进入裁判更衣、休息区。比赛时，穿过专用通道进入比赛场地。

⑥场馆运营区：

场馆运营区包括馆外后勤服务区和馆内相关用房。

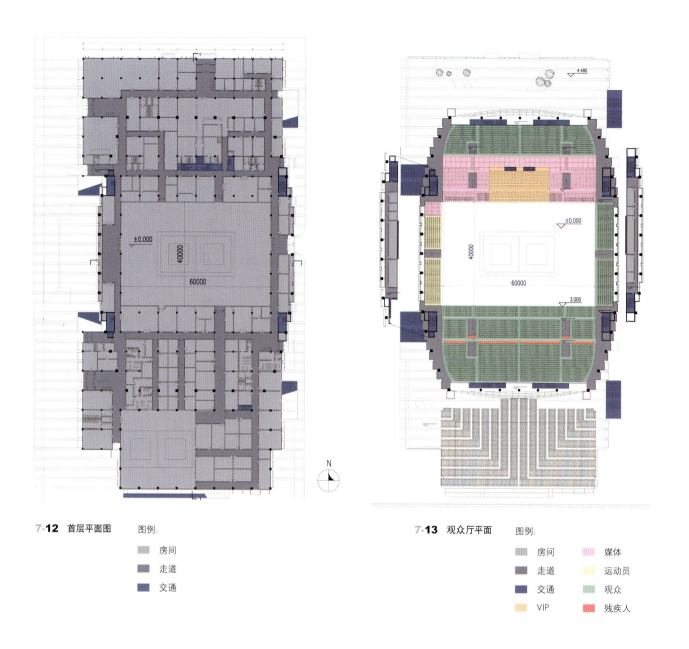

7-12 首层平面图　图例：
- 房间
- 走道
- 交通

7-13 观众厅平面　图例：
- 房间
- 走道
- 交通
- VIP
- 媒体
- 运动员
- 观众
- 残疾人

建筑解读
Architectural Analysis

1. 方案深化

原方案造型深厚大气、坚实、挺拔，既体现奥运精神又契合北京科技大学的场所精神，这是本方案的一大特点。此次修改在保持原风格的基础上，通过在正立面（西立面）上增加场馆名称标志（LOGO），穿孔铝板和彩色金属板，在二层平台广场上增加色彩鲜艳的雕塑小品，与绿化结合，烘托整体气氛，使整个建筑既端庄、含蓄，又不失活泼，既体现了高校的理性严谨，又展示奥运追求超越的精神。

2. 方案调整

（1）北立面适当简化

北立面作适当的简化，将折形板适当减小，取消斜向折板，增强统一性，但需保持必要的入口雨罩功能。

（2）屋顶排水系统深化

原方案屋面与墙面整体考虑，金属复合墙体由上而下与屋面连成整体，3m宽的复合墙体和屋面层层叠退，之间留出750mm的凹槽。屋面排水采用虹吸式排水系统，根据屋面金属板构图，凹槽相互连通，既丰富了第五立面，又形成了排水明沟。

7-14 方案深化鸟瞰图

(3) 整体结构优化

成熟的大跨度网架体系与下部钢筋混凝土结合,简单明确易于施工。运用先进的预应力折梁技术,为热身场地提供8.6m层高的空间。

热身场地采用大跨度预应力折梁,营造高大空间,满足热身及赛后使用。

根据建筑使用功能的要求,建筑局部形成跨度14~18m的大空间。为尽可能降低结构高度,保证房间净空要求,拟采用预应力混凝土技术。

在平层楼面处采用后张有黏结预应力现浇空心板技术,减小结构高度,减轻结构自重。此外,结构整体性好,利于抗震。

大跨度看台部分采用后张有黏结预应力折梁,降低梁高。

(4) 优化疏散的设计,适应赛时大量人流的集散

疏散的原则是赛时观众通过最大限度地使用楼梯和疏散口,达到符合规范的疏散时间。赛后由于观众数量的减少,部分疏散楼梯改为内部使用,避免空间的浪费。现方案调整是将观众厅内场疏散口尽量均匀布置,观众除可利用观众厅疏散口疏散至二层室外平台外,还可利用位于观众厅四个角落的3m宽的疏散楼梯直接疏散到室外,内场到外场的疏散总宽度28m。由二层平台至室外地面的疏散总宽度为35.5m。赛后内场活动席在首层有直接疏散口。

平均疏散时间计算公式:$T = N/BA + S/V$

由于观众疏散大厅高大空间有极好的蓄烟、排烟功能,并全部采用不可燃材料,因此可以将观众疏散大厅作为第一次避难空间使用,人流直接疏散到观众大厅,因此疏散距离S=0。

奥运会期间,比赛馆实际总人数N=6738人,疏散口共6个,疏散口总宽度为28m,即

疏散口可通过的人流总股数B=51（按每股0.55m计），单股人流通行量A=40人/股·分钟，从而计算得出平均疏散时间为3.3分钟。

(5) 重新调整运动员区域，避免流线交叉

将热身场地进行调整，通过柱网的改变，将热身场地最大限度地靠近比赛场（距离约7m），同时仍保留运动员上下场明晰的流线。混合区从使用功能考虑，以长条状线形布置为宜，本方案将其布置在运动员下场回路上是极其合理的。

(6) 无障碍设计的细致周到

首层西侧靠近主入口广场和停车场处，设有残障人员专用入口和专用电梯，可直通三层的残障人席。考虑到柔道残奥会的举行，首层主要出入口均采用无阻碍设计。所有运动员和观众卫生间均设有残障人卫生设备。

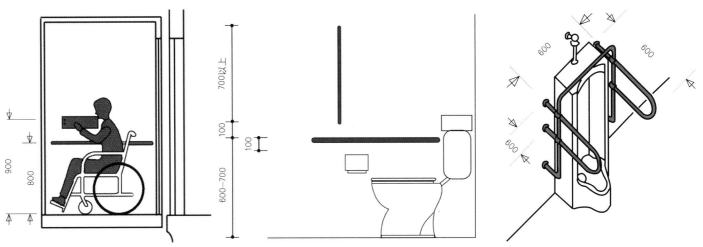

7-15　无障碍设计

(7) 优化赛后游泳馆流线和空间，使之符合学校使用要求

游泳馆作为赛后学校体育馆中一个相对重要的使用空间，应考虑在使用时的便捷性和可分隔性。所以在首层西南侧面向西设置了游泳馆独立入口与门厅，设有公共前厅、接待和值班室。通过必要的验证程序进入更衣室，再通过淋浴、消毒池进入游泳馆。

(8) 优化观众厅内场，在充分保证视觉效果的前提下，营造热烈气氛

观众厅座席环通，解决电视转播的阴影问题。

观众席在4.5m标高和8.6m标高处有环廊相通，解决了疏散和安保问题。

(9) 优化外场观众与运动员流线

运动员改由西南侧出入，与观众彻底分离。东侧室外楼梯改在奥运后院之外作为观众紧急疏散。

(10) 合理安排场地及观众席，满足赛后利用

观众座席8012个标准席：观众固定座席4080个，临时座席3932个。共分五部分：

①贵宾、官员、赞助商座席共363席。

②新闻媒体包括电视转播媒体62席，文字媒体212席，观察员席和摄影记者208席。

③运动员456席。

④普通观众5373席。

⑤残疾人64席。

(11) 赛中临时座席的租借

临时席采用脚手架式搭建，可向专业公司租用，节约一次性投资。临时看台拆除后，可用作篮球练习馆，设置四块篮球场地，净高达9.0m。

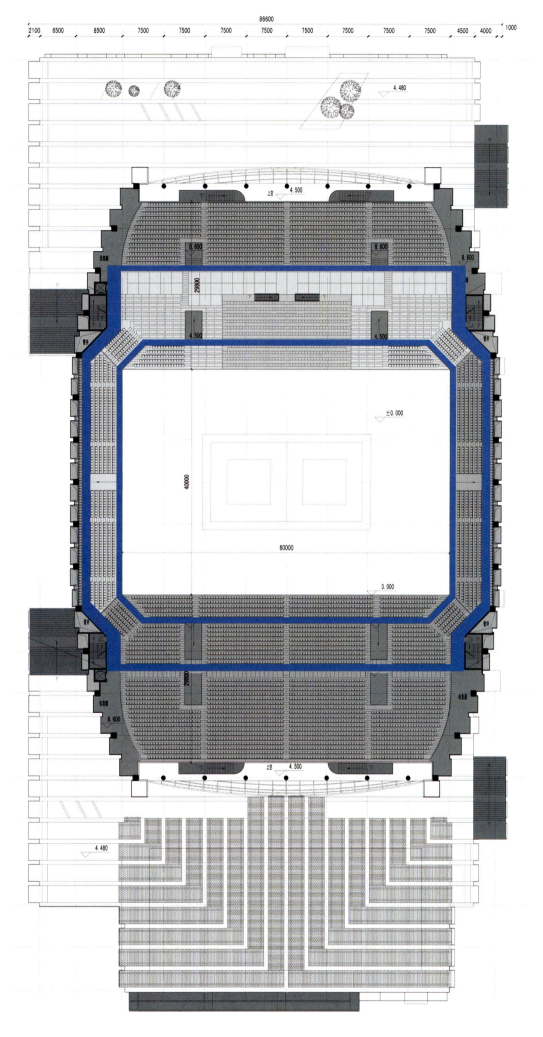

7-16 疏散环路

技术设计
Technology Design

1. 建筑专业

(1) 光导管照明系统

①光导管照明系统光线的高效采集问题

针对本体育馆光导管照明系统研制开发专用模具,对普通采光帽进行技术更新,使其采集更多的太阳光。

②光导管照明系统的光线高效传输问题

光导管照明系统的核心部件是光导管本体,利用全反射原理来传输光线。本项目采用具有国际领先水平的谱光无限光导管,其光的一次反射率高达99.7%,可最有效地传输太阳光。

> 注:反射率99.7%的光导管与反射率98%的光导管相比,当管道长为7~8m时,采光效率相差2~3倍。

③光导管照明系统材料的绿色环保问题

为了体现"绿色奥运"的要求,采光帽、漫射器均采用可回收的有机塑料制成。具有专利技术的采光帽可滤掉大部分的紫外光,反射绝大部分的可见光,使用起来舒适,有效地防止紫外线对室内物品的破坏。

④太阳能光导管系统光线的均匀分布问题

采用透镜技术制成的针对本体育馆的专用漫射器,将光线均匀地漫射到室内,使房间内无论早晚、中午都可沐浴在柔和的自然光中。

⑤安装光导管照明系统的屋面防水问题

由于原屋面为铝镁彩板屋面,如何防水是一个关键问题。本项目计划采用防水平板+套筒+防水件+进口胶带的做法,其中防水平板用来调整屋面变形,套筒+防水件+进口胶带用来保护采光帽的防水。

> 注:此方案经过专家论证会及项目工作领导小组的多次讨论。

⑥光导管照明系统采光效果的测试问题

对北科大体育馆光导管照明系统采光效果进行测试与分析,指出改进建议。

7-**18** 光导管细部

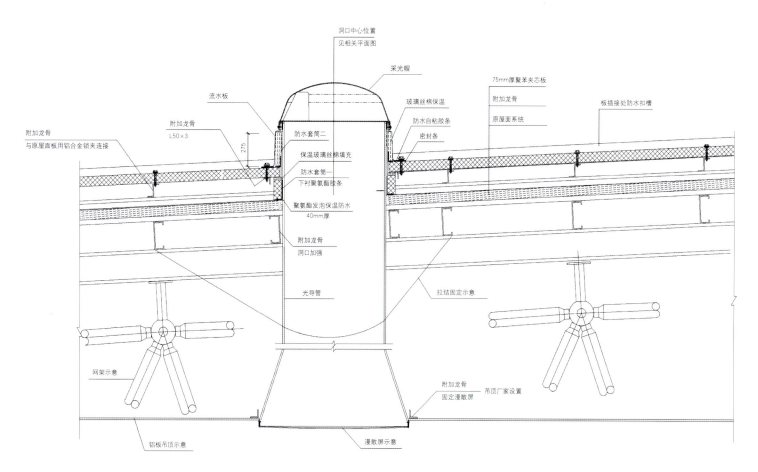

7-17 光导管节点示意图

7-19 光导管室内效果

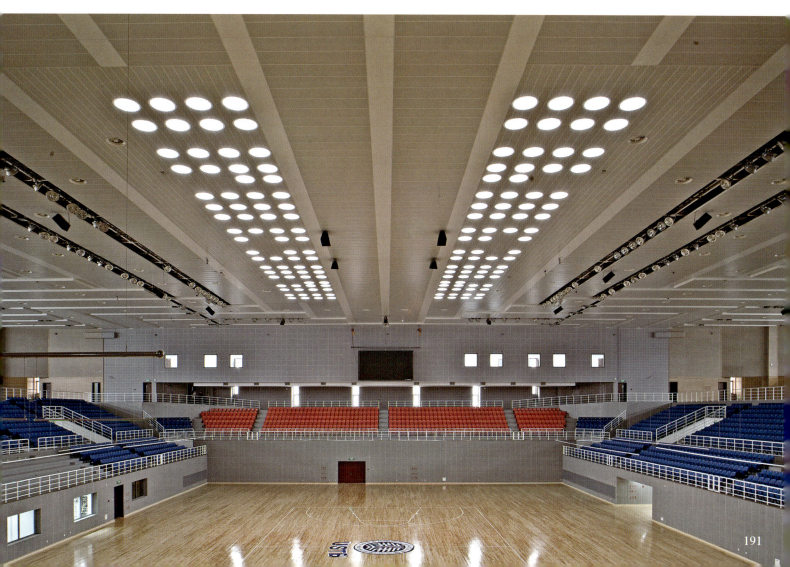

(2) 太阳能热水系统

体育馆的太阳能热水系统的集热面积为860m²,日产40~60℃的生活热水最高达80m³。设计中需要体现以下几个特点:

·系统设计的自动化体现奥运理念的高科技特征。

·系统设计技术措施体现奥运理念的人文特点。

·系统设计的环境因素体现奥运理念的绿色环保特性。

7-20 太阳能集热板

(3) 复合金属屋面和幕墙

充分利用可再生自然资源,以适宜技术最大限度地节约能源。

选择成熟、可靠、易于维护操作的建筑技术,充分利用阳光、雨水、自然风等可再生资源,巧妙解决体育馆空调、用水、用电等能源问题。

体育馆在北京市节能50%(北京市现行《公共建筑节能设计标准》)的基础上进一步降低外围护结构的能耗。通过降低体型系数为0.11全面提升外围护结构的保温性能。建筑外墙为框架结构内填200厚陶粒轻质混凝土空心砌块(传热系数≤0.22W/(m²·K)),具体做法详图集《88J2-2(2005)墙身—框架结构填充轻集料混凝土空心砌块》。外设30厚挤塑板(传热系数≤0.03W/(m²·K))保温层,主体部分外敷砖红色铝单板板墙面(带50厚保温棉)双重保温,裙房部分外敷预制水泥板。玻璃采用6+12+6 low-e钢化中空玻璃。为减弱太阳东西晒对体育馆的影响,在立面设计时采用了相对封闭的设计手法,只设置了少量的外窗,大部分采用复合金属幕墙,使夏季整个体育馆的能耗大幅降低。

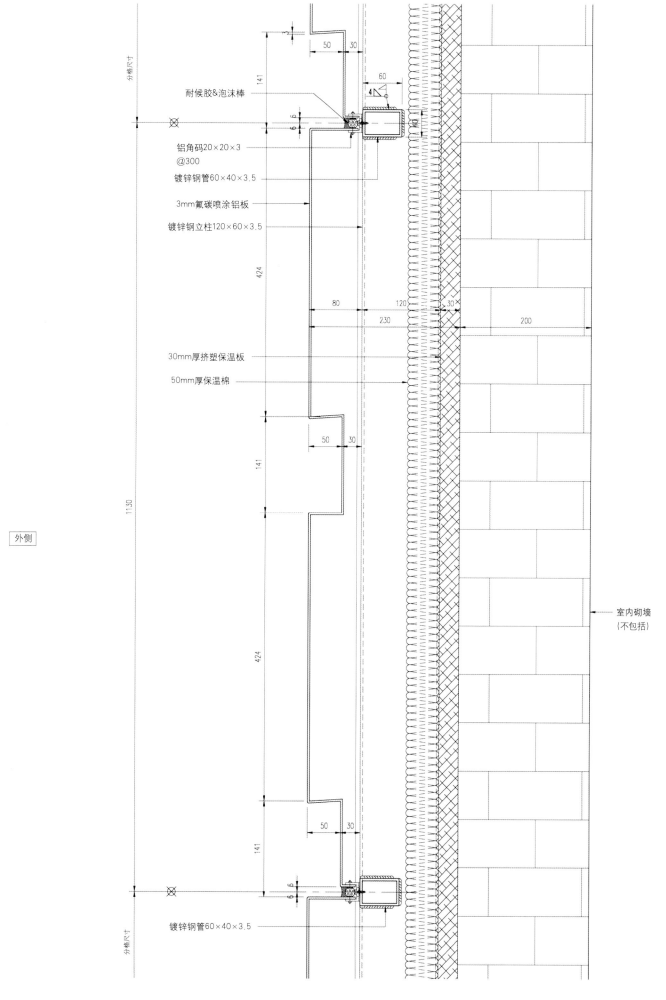

7-21 铝板幕墙节点详图

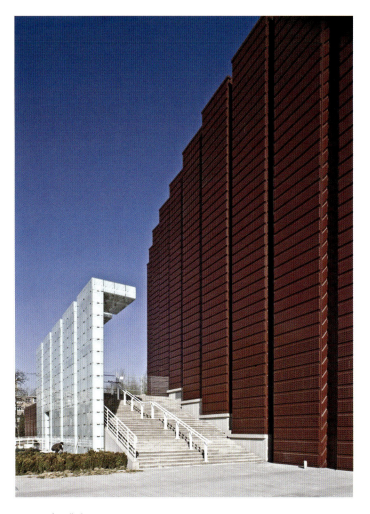

7-22 金属幕墙

7-23 金属幕墙节点

7-24 金属幕墙斜边及转角节点

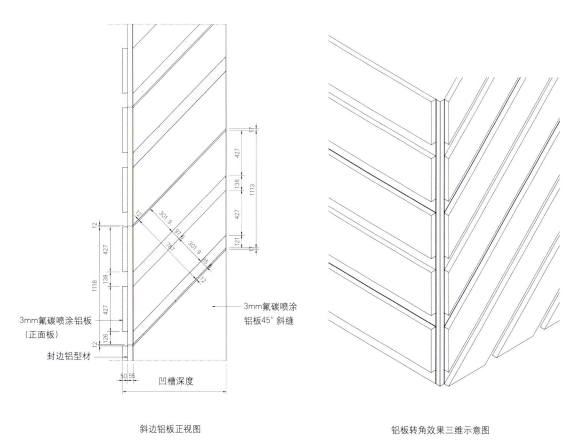

斜边铝板正视图　　　　　　　　铝板转角效果三维示意图

7-25 穿孔铝单板

7-26 临时座椅

（4）场馆内整体吊顶系统

体育馆内采用了穿孔铝单板吊顶

①满足体育馆整体美观的需要，将钢网架结构众多杆件、风道、桥架、设备、马道遮挡起来。

②吊顶的造型将柔道、跆拳道比赛中"带"的理念在室内设计上进一步地延伸和体现。

③穿孔铝单板吊顶背后增加了50mm的离心玻璃棉，这样的设计解决了体育馆比赛时对声学效果的要求。

④穿孔铝单板吊顶同时也为光导管安装提供了平台。

（5）整个体育馆声学设计

音质设计依据各馆的使用功能和尺度，防止长距离声反射引起的回声，主要比赛场馆的满场中频最佳设计混响时间为1.3s。在噪声控制方面，重点采取隔声、吸声、消声等措施，对设备间的楼板采用浮筑楼板，墙体采用双面双层轻钢龙骨石膏板隔墙，内填空腔和吸声材料，隔声量RW达到53dB。

（6）活动脚手架临时座椅系统

在南北两侧三层设置了两个大平台，赛时在平台上布置活动脚手架临时座椅，与固定座席共计8000余席的座席满足赛时需要。赛后将平台上的临时座椅拆除，恢复为平台，作为赛后学校训练馆来使用，保留4000余席固定座席为学校使用。

(7) 室内临时房间及设施

游泳馆为满足赛时功能房间的使用，在游泳池上加盖板，再布置赛时临时房间，同时这样的考虑也满足奥运会和残奥会之间的快速转换，改动较小，经济实用。

赛时在看台上增加临时媒体记者席和摄像机位，可以满足赛时媒体转播需求。

(8) 看台的视线分析设计

看台的视线分析设计充分考虑了赛时转播的需要和赛后作为学校综合体育馆的使用，从而避免大面积的拆改，节约了成本。

(9) 体育馆遮阳系统的设计

体育馆西侧的新型复合金属幕墙，大大减少了因西晒而引起的热负荷，从而达到体育馆使用的节能效果。

游泳馆二层南侧设置了铝合金遮阳百叶，西侧设置了彩釉玻璃幕墙遮阳系统，大大地降低了夏季游泳馆的热负荷，减少了能耗。

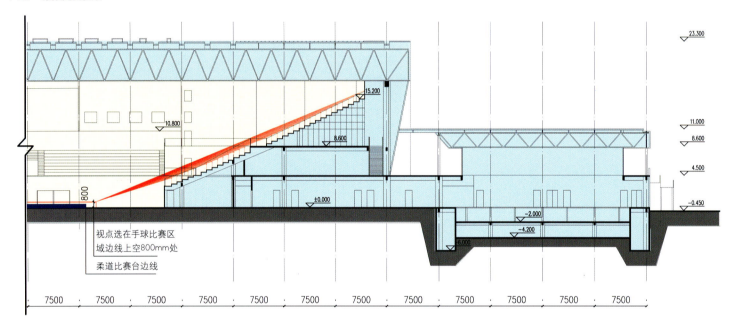

7-27 观众席视线分析

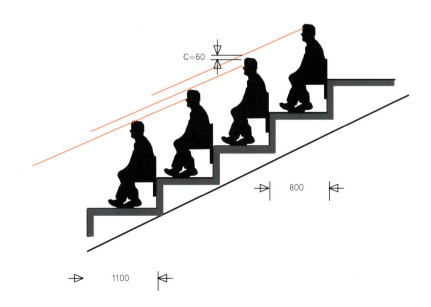

7-28 铝合金遮阳百叶　　　　　　　　　　　　　　7-29 彩釉玻璃幕墙遮阳系统

（10）地下管线集合系统

地下管线集合系统内容纳了给排水、电气、暖通等众多管线系统，该地下管线集合系统使各种管线在地下集中布置，便于管线的安装和维修，节约了工程造价和建筑面积。

（11）自然通风系统

在体育馆西侧安装新型穿孔金属幕墙，当室内的窗户开启时，可以与比赛场地东侧的大门形成空气对流，形成良好的通风效果，带走场地的热量，同时也避免了西晒的能耗问题。

在训练馆南北两侧的玻璃幕墙上设置了足够的可开启的玻璃窗，赛后作为训练馆使用时可以自然通风。

游泳池的顶部玻璃幕墙设置了可开启的玻璃窗，充分满足了夏季自然通风的需求。

（12）观众大平台的排水系统

在体育馆南北两侧的观众大平台采用了反梁的结构，架空屋面形式，使雨水在架空层内排走，这样既保证了观众集散平台的功能，同时又使整个观众大平台保持平整、美观，没有积水现象。

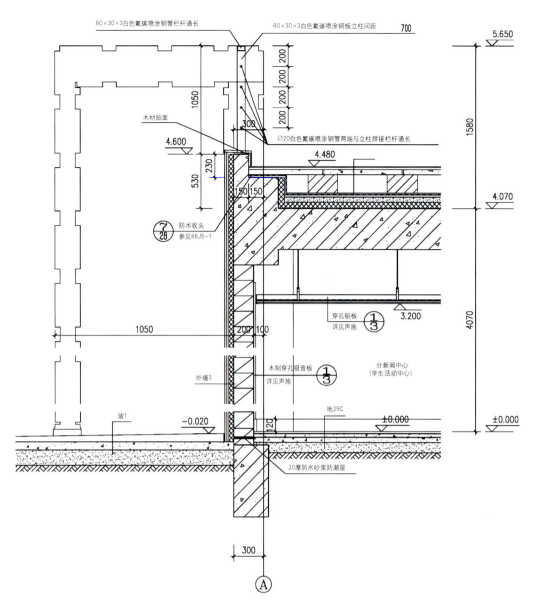

7-30 架空屋面节点详图

7-31 上人屋面排水

2. 结构设计

(1) 结构超长问题

对主赛区,考虑到建筑功能要求和结构的整体性,不再设置伸缩缝,结构平面尺寸超过《混凝土设计规范》(GB 50010—2002)的规定。大面积的现浇混凝土结构会受各种因素的影响(如温度变化、混凝土收缩、施工条件等)而发生开裂,甚至影响结构的耐久性和正常使用,为防止这些问题出现,拟采取下列措施解决:

①采用施工缝,设置后浇带(施工时预留一定宽度的缝隙,待两侧混凝土浇筑一定时间后二次浇筑)代替伸缩缝,在施工方面减小梁、板结构混凝土干缩带来的问题。

②在平面施工单元(即各层由后浇带分成的各施工单元)中间位置,可采用高掺量的微膨胀混凝土,以形成膨胀加强带,进一步减小因混凝土收缩而产生的影响,并尽可能减少后浇带数量,加快施工速度。

③后浇带采用高掺量的微膨胀混凝土浇筑,或在梁板内配置一定数量的预应力钢筋,在混凝土内部建立一定的压应力,来适应结构在使用过程中温度变化等因素的影响。

(2) 大跨度预应力混凝土结构

根据建筑使用功能的要求,建筑局部形成跨度14~18m的大空间。为尽可能降低结构高度,保证房间净空要求,拟采用预应力混凝土技术。

对平层楼面处,采用后张有黏结预应力现浇空心板技术,减小结构高度,减轻结构自重。此外,结构整体性好,利于抗震。

对大跨度看台部分,采用后张有黏结预应力折梁,降低梁高。

(3) 看台结构

为赛后利用方便,对近半数的临时看台,采用可拆卸的临时看台。对固定看台结构,为加快施工速度、提高工程质量、减小温度变化等因素对结构的影响,固定看台座席的台阶可选用预制预应力结构。

(4) 大跨度网架

本工程屋面结构采用大跨度钢结构网架,有如下特点:

①符合建筑造型的需要,和建筑立面、外观理想结合。

②满足屋面吊挂设备安装、检修的要求,有利于马道及使用过程中相应设施的设置。

③网架经济合理。网架跨度L=77m,采用正交正放四角锥结构,螺栓球节点,下弦四边多点支撑,网格平面尺寸3.75m×4.3m。杆件采用Q235B、Q345B(ϕ=180mm)型号焊接钢管或无缝钢管,螺栓球采用45号钢。受拉杆件长细比控制在250以内,受压杆件长细比控制在180以内,确保杆件不失稳。

3. 给排水设计

(1) 给水水源

由科技大学校区自来水管网直接引入两根DN150进户管,在区内形成DN150环状管网,供应该场馆的生活用水。在该环网上设有室外地下式消火栓,可保证室外消防用水。市政给水管网供水压力不小于0.30MPa。

(2) 给水系统

馆内各生活用水点用水直接由室外给水管网供给。管材为不锈钢塑料复合管,用热熔卡压连接。用水量：生活日用水量为190m³/日；饮用水：生活用水经卡提斯净水设备处理后，送至饮水器，供观众饮用。管材采用薄壁不锈钢管。日饮用水量：0.2L/人·场×8000人×2场/日=3.2m³/日。

(3) 中水系统

中水水源由规划城市中水干管引入或由区内中水处理站供给。中水主要用于浇洒绿地及冲洗地面。管材为不锈钢塑料复合管，以热熔卡压连接。中水日用水量：7.5m³/日。

(4) 热水系统

热源由校区高温蒸汽提供，通过热交换后供赛时运动员淋浴、赛后游泳池淋浴及游泳池池水加热。日用热水量：80m³/日（60°C），每小时耗热量1350+500=1850kW。

(5) 污废水系统

本工程生活污水采用污废分流排放，采用单管直排系统至室外。粪便污水经化粪池预处理后进入室外污水管网；含油污水经隔油池处理后排至室外污水管网；洗浴废水经地埋式处理设备处理后，作为中水回用至浇洒绿地和冲洗道路。管材采用UPVC塑料排水管，粘接。排污量为用水量的90%，约171m³/日。

(6) 雨水系统：

雨水排除采用内外排水兼有系统。屋面内排雨水采用虹吸式排水方式。屋面雨水单独收集，作为一部分可再利用的中水水源，经中水处理设备处理后可达到回用标准。管材采用HDPE管(高密度聚乙烯塑料管)。五分钟降雨强度为q_5=5.06L/S·100m²，重现期P=5年。

(7) 游泳池循环水处理系统

本工程设有50m×25m×(2~2.2m)标准游泳池一个，采用逆流式循环系统，过滤采用石英砂过滤器，循环周期为4~6小时；消毒采用国际先进的臭氧与氯结合方式，池水温度控制在26~28°C。泳池水加热热媒为校园高温蒸汽(同生活热水系统热源)，所需热量为500kW/h。游泳池日补水量110m³。

(8) 节能环保措施

①节水、节能措施

·所有卫生洁具均采用节水型产品。

·进户前的给水、中水管设置计量水表。

·坐便器采用大、小水流式冲洗阀。

·蹲便器采用脚踏液压式冲洗阀。

·洗面盆用水嘴、小便器采用感应式水嘴、冲洗阀。

②环保、卫生措施

·供水管流速控制在1.2m/s以内，以控制噪声。

·水泵出水管采用静音止回阀，防止水锤及降低噪声。

·生活粪便污水经化粪池处理后排入室外污水管道。

·含油污水经隔油池处理后排入室外污水管道。

4. 空调系统

(1) 空调方式及系统设置

①比赛场地：采用全空气系统，选用两台组合式空调机组(空调机组均包含下列主要

功能段:新回风混合段+粗效过滤段+表冷加热两用段+湿膜加湿段+送风机段)。根据室内人员数量及室外气象参数控制新回风的比例,过渡季节采用全室外新风送入室内。比赛场馆内还设置了少量的散热器作为冬季的值班采暖系统。

②首层:南北两部分分别为两个空调系统,新风机组安装在本层的新风机房内,采用新风加风机盘管的空调方式,风机盘管均为卧式暗装,按防火分区设置新风机房。

③二、三层:考虑到赛后利用,VIP休息室及部分用房分别设置为两个空调系统,采用新风加风机盘管的空调方式,风机盘管均为卧式暗装。

④赛后游泳池空调系统:空调机房设置在地下室,游泳池采用直流式空调系统,排风经全热交换器与新风进行热交换后再排出室外。为使游泳池使用效果更好同时运行费用更节省,采用地板辐射采暖系统。

⑤其他设备用房的空调系统:为保证地下层配电室及库房的室内温度,单独设置一台新风机组作为其送风风机。顶层的水箱间采用一台立式明装风机盘管作为冬季值班采暖使用。一些房间考虑到奥运会所用设备的散热量较大,故再另设自带冷源的空调系统。

(2) 节能与环保

①卫生间均设置机械排风系统,排风机设置在屋顶,排风均接至屋顶高空排放,以达到保护环境的目的。

②所有的风机均采用超低噪声型或箱型风机,箱型风机内衬50mm的海绵吸声材料,且在风机的进出口设置消声器或消声静压箱。冷却塔选用超低噪声型,以尽可能降低噪声对房间及周围环境的影响。

③空调机组、新风机组、冷水机组、水泵及风机等设备均采用减振基础、避振软管及减振支吊架,以避免振动对周围房间的影响(冷水机组及水泵均采用双球避振喉)。

④通风机房、空调机房及新风机房内风道的进出口处均设置消声设施,除临近车库及设备用房的机房外,临近办公用房的设备机房的墙面等均要求做吸声处理。

⑤采用变频水泵,按照系统的运行状况调节水泵的工作点,以达到节能的目的。

⑥游泳池排风系统经热回收再排放,既节能又降低运行费用。

⑦空调系统的保温材料选用聚氨酯以满足环保的要求。

5. 强电和弱电系统

体育馆的强电和弱电系统包含以下系统:

·变、配电系统

·低压配电系统

·照明系统

·建筑物防雷系统规划

·接地及安全

·火灾自动报警及消防联动控制系统

·安全防范系统

·综合布线系统

·数据网络系统

·通信系统

・有线电视系统

・建筑设备监控系统

・电子显示屏系统

・扩声系统及公共广播系统

・计时、记分与成绩处理系统

・现场录像采集及回放系统

・电视转播和现场评论系统

・售、验票系统

・主计时时钟系统

・系统集成

施工建设
Construction

1. 工程管理模式

管理就是信息,没有信息就没有管理,只有及时全面掌握信息,才有条件很快作出正确的决策,从而不断提高管理水平。

在本工程的施工过程中,计算机技术的应用是项目管理最为先进高效的现代化管理手段,不仅可以极大地提高效率,具有准确性、可靠性、可变更调整性和可追溯性,可以有效而且有序地对工程的每一环节进行指挥、管理和监控,从而达到加快工程速度,保证工程质量,降低工程造价的目的。项目经理部在项目管理实施过程中,长期运用计算机技术对工程项目进行辅助管理,除基本的文档处理、财务核算、人事工资管理、计划管理、资料管理、合约管理等常规管理之外,项目部将以工程总承包项目管理模式为基础,在该工程实施中,综合运用现代化信息技术,建立项目经理部内部局域网,实现项目经理部内部信息的横向交流和数据共享,为项目管理和工程实施提供支持和服务。计算机应用和开发综合技术至少包括:

①图纸二次深化设计,加工安装详图设计,机电综合系统配套图纸设计和工艺设计,装修效果和详图设计等。

②建立工程项目管理信息系统,综合运用现代信息技术,建立局域网,实现信息的横向交流和数据共享,为项目决策、计划、管理、协调、监控和实施提供支持和服务,最终形成资源优化系统,从而实现项目管理的网络化。

③应用自行开发并应用的"工程项目管理信息系统",统一指导各种设备、材料订货加工、编号、编码、运输,设备材料进场的控制和管理、安装与施工等工程的每一环节。

④选用先进的计算机软件,施工过程中利用计算机对施工进度进行动态管理,按照网络控制计划和主要进度控制点,进行月平衡、周调度,保证计划的实施。

⑤计算机辅助钢筋优化配料

钢筋工程是建筑施工中的一项重要内容,钢筋配料通常由人工完成,工作量大,内容繁琐,效率低,并且无法优化考虑钢筋原材料的使用,为此选用了清华大学土木系开发的钢筋优化配料应用软件,提高钢筋加工的管理水平和工作效率,改变传统做法中手工劳动和重复劳动多的现状,提高计算数据的准确性和可靠性,减少不必要的材料浪费,从而做到省时、省料,提高效率和节约资金。工程技术人员使用AutoCAD2004绘制工程图,用3D、Photoshop进行三维效果图渲染,随着计算机技术日新月异的不断高速发展,亦将不断地将其运用到生产和管理活动中，提高我们的技术水平和管理水平，更快、更优、更省地完成承包任务。

⑥单项管理软件应用，应用于投标、报价、预决算、网络计划编制、财会管理、工程质量管理、计划统计。

⑦施工工艺过程控制，大体积混凝土温控技术、试验数据采集分析。

2. 技术要点及难点

（1）混凝土技术应用

地下室底板、外壁板、水池底板、迎水壁板采用抗渗混凝土，抗渗等级为S8。本工程的抗渗混凝土建议采用超细矿粉、优质粉煤灰掺和料、高效减水剂、膨胀剂，可有效保证地下混凝土的抗渗、防裂、抗盐、抗酸等要求。对增强混凝土的和易性和可泵性、预防混凝土的碱集料反应十分有效。

（2）高效钢筋技术

本工程采用Ⅲ级钢筋，其屈服强度标准值为400MPa，比普遍Ⅱ级钢筋强度提高20%左右，而且价格却增加不多，在保证工程质量的前提下，大幅度节约了资源。

（3）粗直径钢筋连接技术

直径≥18mm的钢筋连接采用钢筋等强剥肋滚压直螺纹连接技术，此项连接技术既能保证施工质量，提高工效，又便于文明施工，降低成本。剥肋滚压直螺纹连接技术，钢筋接头均能达到"A"级，最大的优点是现场操作工艺简单，施工速度快，适应范围广，不受气候影响，而且对钢筋无可焊性要求，成本低，质量稳定可靠，安全无明火，不受气候影响。

（4）新型模板和脚手架技术

结合本工程的结构特点，本工程独立柱采用定型钢制模板，剪力墙采用组合大模板，可达到清水混凝土的施工要求。梁柱节点采用专用模板。顶板模板采用钢木结合的模板体系，取消顶板抹灰，同时又避免支拆模板时产生的噪声污染。圆柱采用玻璃钢定制模板。

三大理念实施
Three Concepts Realization

1. 三大理念的综合体现

北京科技大学体育馆的设计以"立足学校长远功能的使用，满足奥运比赛的要求"为设计理念，强调建筑设计首先符合学校的使用功能和空间的设置，以及赛后空间功能的便利转换，同时按照奥运大纲通过空间的合理布局满足奥运会的要求。设计强调场所精神，运用洗练的建筑语汇，营造出既彰显柔道、跆拳道运动精神又符合北京科技大学校园氛围的体育建筑空间。建筑运用成熟、可靠、易行的生态建筑技术，如光导管自然光采光系统、太阳能热水系统、复合金属墙面系统等，在较低的建筑造价的控制下，最大限度创造合理、人性、舒适的比赛、观赛条件，充分体现为奥运而建的校园体育建筑的特色。

2. 节约用地与优化校园环境的统一

- 体育馆与校园的主轴线对应。
- 游泳馆与主体育馆在空间、功能、流线上完美融合。
- 体育馆体形在节地上作了充分考虑，与学校整体风格相适应。
- 保留了校园内原有的古树。
- 室外景观设计中体现了奥运会与北京科技大学的人文特征。
- 外网设计赛时赛后统一考虑。
- 室外广场的设计充分考虑了赛时的人员流线。
- 体育馆室外广场的设计中，采用了铺装砂石地面，保证雨水能更好地渗透到地下。
- 场馆外场地赛时、赛后功能的灵活转换。

3. 新技术及设计亮点

- 光导管自然采光系统
- 太阳能热水系统

01 主教学楼
02 图书馆
03 体育场
04 体育馆

7-32 校园中轴线分析图

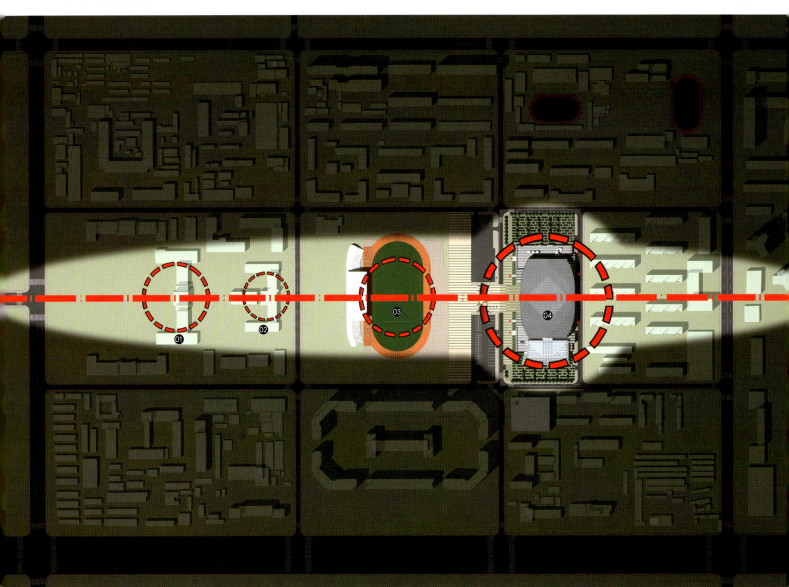

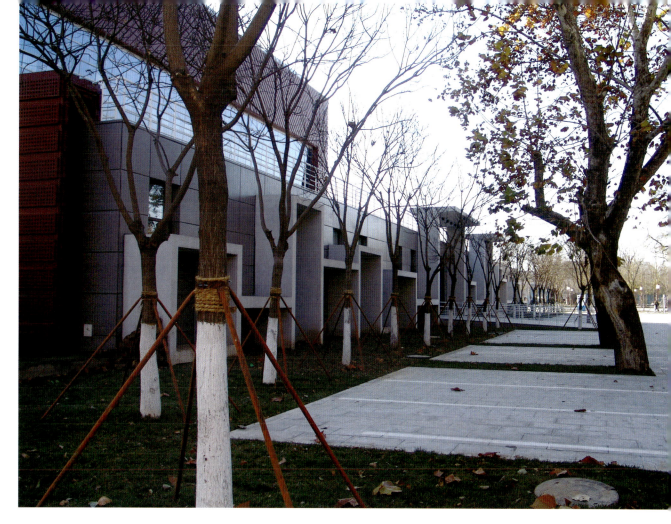

7-33 保留古树

7-34 景观小品

- 复合金属屋面和幕墙
- 场馆内吊顶系统
- 体育馆声学设计
- 地基基础设计问题
- 结构超长问题
- 局部大跨度楼盖预应力设计问题（大跨度预应力空心楼板）
- 大跨度钢屋盖设计问题（改进型双向正放钢网架）
- 活动脚手架临时座椅系统
- 外墙预制混凝土挂板构造
- 运动员区域的地板辐射采暖系统
- 体育馆的无障碍设施
- 室内临时房间及设施
- 看台的视线分析设计
- 体育馆遮阳系统的设计
- 地下管线集合系统
- 自然通风
- 屋面的排水系统
- 环保建材的广泛使用

4. 绿色施工新技术

- 使用预拌砂浆。
- 大跨度螺栓球网架采用拔杆群外扩法整体提升技术。
- 螺栓球节点防腐涂装。

残奥会利用
Paralympic Function

1. 无阻碍设计

（1）残疾人流线设计

为体现奥林匹克人文主义精神，设计方案把无障碍设计作为重要环节，充分考虑各类人员，尤其是残疾人、老人等行动有障碍的人员方便安全的使用，使比赛馆成为所有人共享的体育场所。入口、停车服务区域、看台、卫生间、医疗点及其他设施均考虑了无障碍设计。残疾人座席集中在疏散口附近，并确保不给其他观众带来不便。为有障碍的观众提供了有轮椅空间的座位，并在残疾人通道和使用部分设计指引轮椅通行的国际标识牌。

（2）残疾人设施

在残奥会期间，比赛馆二层看台附近设有临时搭建的无障碍座席区，共72个，其中贵宾12个，媒体2个，普通观众58个，约占总座席数的1%，每个轮椅座席的尺寸为800mm×1100mm，三面有高0.6m的栏板。在观众洗手间内，设有残疾人方便使用的坐便器和洗手盆，男用卫生间里还设有残疾人使用的小便器和安全抓杆。从室外到残疾人座席均采用无障碍设计。升降梯均为无障碍电梯，设有残疾人扶手和选层按钮。楼梯、卫生间、电梯口设置提示盲道。

2. 奥运会与残奥会转换

柔道、跆拳道比赛场地 —— 轮椅篮球和轮椅橄榄球比赛场地
部分BOB媒体席位 —— 残疾人贵宾座席
部分普通观众座席 —— 残疾人观众座席
部分运动员休息室和热身场地 —— 轮椅篮球和轮椅橄榄球热身场地
裁判员更衣室 —— 部分残疾人运动员更衣室
运动员更衣室 —— 部分残疾人运动员更衣室
部分运动员休息室 —— 轮椅存放间

3. 残奥会交通组织

参照城市道路和建筑物无障碍设计规范，地面任何部位均做无障碍设计，可以保证任何行动不方便的观众和运动员到达目的地。运动员的休息室、卫生间均考虑了残疾人的使用要求，设施尺度符合残疾人的活动范围与习惯。在特定部位设置了扶手和坡道，因此在残奥会期间，所有运动员设施满足残奥会需要，不用再作额外改动。

后奥运时代的思考
Post-Olympic Thoughts

多功能综合的利用方式：

在北京科技大学体育馆的设计中，充分考虑了赛后场馆的再利用问题，尽可能在满足大型比赛要求的同时，为赛后多功能使用创造条件。

赛后体育馆南北两侧的停车场改造成绿地。五环广场保留，其南侧恢复为投掷场，北侧改建成篮球场和网球场。

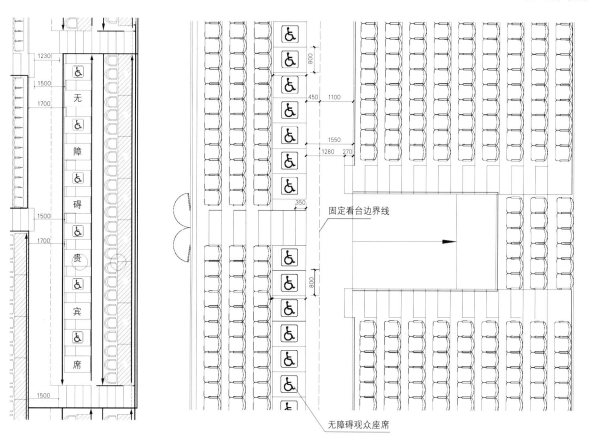

7-35 无障碍座席

体育馆一层：
- 新闻发布厅——舞蹈教室
- 分新闻中心——学生活动中心
- 贵宾餐厅——展览休息空间
- 单项联合会——体育教研室
- 运动员休息室和检录处——学生健身中心（赛时热身场地）
- 赛时热身场地和单项竞委会办公区——标准游泳池
- 兴奋剂检查站——按摩理疗房
- 裁判员更衣室——健身中心更衣室

体育馆二层：
- 贵宾休息室——咖啡厅

体育馆三层：
- 临时观众座席——男女篮球练习馆

赛后的内场均可以满足手球、篮球、排球、羽毛球等各种大型比赛使用，同时也可以满足其他大型演出、会议等使用要求。

随着柔道、跆拳道比赛落户北京科技大学，这两项运动也必然吸引更多学子的参与，在校园内形成普及和发展的土壤，使高水平赛事进入校园。

7-36 赛后篮球训练馆

7-37 赛后游泳馆

7-38 赛时热身场地

第 **08** 篇

北京工业大学体育馆
Beijing University of Technology Gymnasium

8-01 北京工业大学体育馆

项目总览
Project Review

1. 项目概况

建设用地位于北京工业大学校园内，东邻东四环四方桥，南邻左安东路，总用地面积约66000m²，总建筑面积24000m²。建设项目包括比赛馆、热身馆及室外配套设施，是2008年北京奥运会新建的主要比赛场馆之一。奥运会期间该馆承担羽毛球和艺术体操比赛，赛后可承担包括国际体操在内的各种国际体育赛事，并已签约成为国家羽毛球队的训练基地，同时也作为高校体育馆与服务市民的全民健身场地。

建筑强调与城市融合的设计理念，把奥运比赛、高校体育与全民健身很好地融合在一起，建筑形体富有标志性，突显北京东南入口的形象，同时整合本地区的城市空间。建筑造型流畅，且富有现代感，将成为奥运留给北京工业大学，留给城市的一份珍贵遗产。

2. 项目信息

(1) 经济技术指标

建设地点：北京市平乐园100号北京工业大学校园内

奥运会期间的用途：奥运会羽毛球、艺术体操比赛场地

奥运会赛后的用途：国家羽毛球队训练基地/部分对外开放/高校体育馆

8-02 北工大体育馆

8-03 北工大体育馆

8-04 黄昏中的体育馆

观众座席数：7508座。

  其中，固定座席5740座，临时座席1768座

檐口高度：比赛馆14.827m，热身馆11.520m

层数：1层

占地面积：66124m²

总建筑面积：24383m²

道路、停车、广场面积：29435m²

绿化总面积：20439m²

绿化率：30.9%

容积率：0.369

建筑密度：24.5%

机动车停放数量：246辆

 （2）相关设计单位及人员

设计单位：华南理工大学建筑设计研究院

主要设计人：何镜堂、孙一民、江泓、姜文艺、徐莹、方小丹、韦宏等

钢结构设计单位：中国航空工业规划设计院

方案征集
Draft Plan

1. 任务及方案征集概述

设计竞赛大纲要求，在北京工业大学校园东南区约10hm²用地内建设2008奥运会羽毛球与艺术体操比赛馆，包括可容纳3个羽毛球比赛场地、12个羽毛球训练场地与3个羽毛球热身的热身场地。原大纲要求设9500座的座席，其中包括固定座席6500座，临时座席1500座，活动座席1500座。

奥运会期间承担2008年奥运会羽毛球与艺术体操比赛，奥运会后可承办重大比赛（如世界羽毛球锦标赛及其他国际赛事）、国内赛事，作为国家羽毛球队训练基地、北京工业大学的学校体育馆与北京东南区的全民健身中心。设计竞赛有9家单位参加，其中国外5家，国内4家。经专家评审，华南理工大学建筑设计研究院、荷兰KCAP都市规划及建筑设计事务所与奥雅纳工程顾问香港有限公司、中国建筑设计研究院提出的设计方案入围优胜。经方案优化调整，确定华南理工大学建筑设计研究院的方案为中标实施方案。

2. 中标实施方案

建筑立意于整合本地区的城市空间，同时作为北京东南区的一个出入口标志。建筑连接校园绿轴与城市绿带，并成为其中的一个节点。同时，建筑致力于探讨体育建筑的多功能性及适应性，力求做到赛时赛后功能的灵活转换，以适应各种不同比赛的要求。建筑造型流畅简洁，主要造型元素以一个被椭圆切割的球面为主，经过椭圆切割的球面，形成了优美的空间曲线。同时在屋面材料上利用铝镁锰合金板与玻璃光棚之间的对比，和钢构架一起，形成优美的韵律感和光影效果。

8-05 日景鸟瞰效果图

8-06 透视效果图

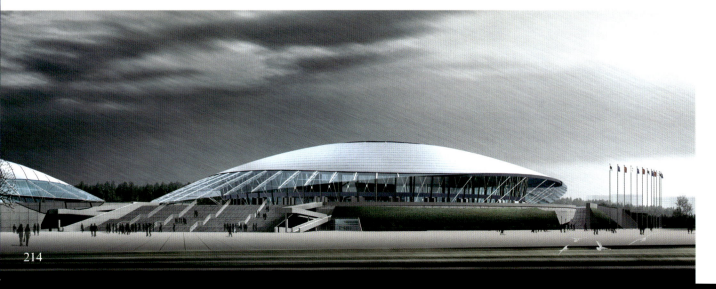

8-07 夜景透视效果图

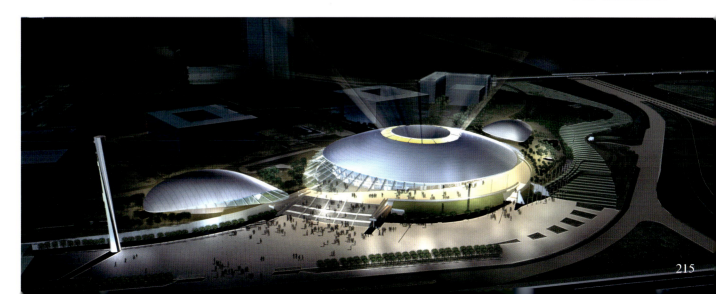

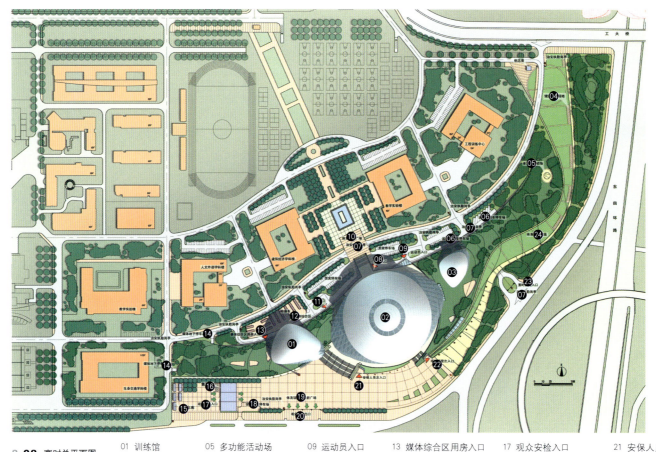

8-08 赛时总平面图

01 训练馆	05 多功能活动场	09 运动员入口	13 媒体综合区用房入口	17 观众安检入口	21 安保人员次入口
02 比赛馆	06 运动员班车停车场	10 体育馆前广场	14 媒体地下停车入口	18 安保专用停车场	22 场馆运营次入口
03 热身馆	07 治安值勤岗亭	11 媒体入口	15 自行车库	19 体育馆主入口前广场	23 赛后后院入口
04 健身活动场地	08 贵宾入口	12 媒体综合区	16 售票处	20 观众疏散出口	24 体育公园轴线

8-09 赛后总平面图

01 训练馆	05 多功能活动场	09 场馆经营人员入口	13 治安值勤岗亭	17 地下停车入口	21 自行车库
02 比赛馆	06 停车场	10 临时运动场	14 会议中心入口	18 体育馆主入口前广场	22 场馆运营次入口
03 热身馆	07 临时运动场	11 高级俱乐部入口	15 羽毛球运动场	19 观众出入口	23 体育公园轴线
04 健身活动场地	08 体育教学入口	12 体育馆前广场	16 体育培训中心入口	20 后勤人员入口	

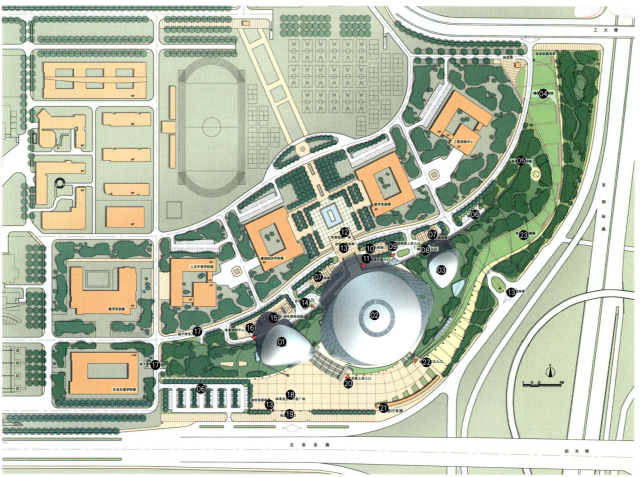

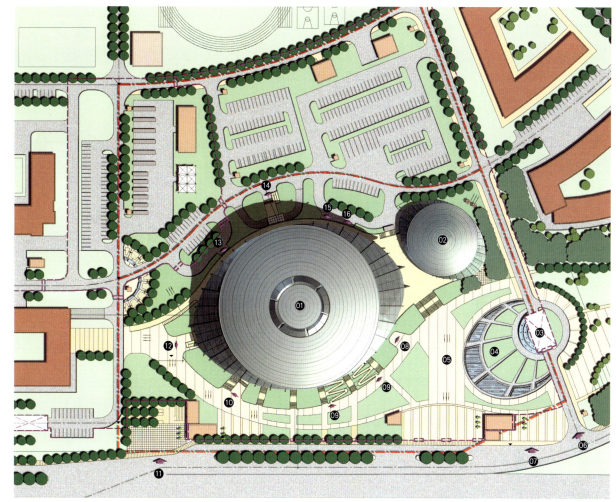

01 比赛馆
02 热身馆
03 车辆安检通道
04 雕塑广场
05 主入口广场
06 车行入口
07 观众主入口
08 辅助出入口
09 残疾人观众入口
10 赛事管理入口
11 观众入口
12 场馆经营入口
13 媒体入口
14 贵宾入口
15 安保入口
16 运动员入口

8-10 实施方案总平面图

建筑解读
Architectural Analysis

1. 方案深化

本着节俭办奥运的原则，在方案深化过程中，北工大体育馆的规模、造价都进行了较大的调整，取消训练馆，仅保留比赛馆和热身馆。座席规模也由原来的9500座改为7500座。由于用地规模与拆迁原因，在方案深化过程中，对北京工业大学东南区校园规划作出调整。用地由原来的10hm²调整为6.6hm²，而且6.6hm²中尚有2.1hm²属于赛时后院用地，赛后可以转换成学校运动场使用。在北京工业大学用地十分紧张的情况下，有效地节约了学校用地，增大了学校的发展空间。

2. 方案调整

实施方案仍保持方案征集时的特点，被椭圆切割的球面形成飘逸的曲线，象征着羽毛球运动的洒脱、轻灵。室内场地比室外下沉1.2m，既有利于二层观众平台的疏散，又有效地弱化了建筑的体量感，增强了建筑的亲切感。热身馆由于适应艺术体操热身功能的需要适当扩大规模，可容纳4个艺术体操的热身场地，同时也可以容纳8个羽毛球训练场地，增强了赛后的经营空间。热身馆在造型上重复比赛馆的特点。

在方案调整中，对飘棚钢结构的选型作出了多种方案比较，最后确定采用开圆孔工字钢作为飘棚的结构形式。由于飘棚外挑距离长（15m），采取多种模型比较计算，最后确定钢结构的檐口大样，确保实现建筑轻灵飘逸的效果。

8-11 实施方案鸟瞰图

技术设计
Technology Design

羽毛球比赛中，空调风口的气流、人流的走动带来的旋流以及从门口带进来的穿堂风，都是影响运动员水平发挥、影响比赛公平性的重要因素。设计者针对这个问题作了精心的考虑。首先所有进入比赛场地的入口均采用双层门设计，而且双层门采用不同的方向，有效避免因为门扇开启时进入场地的穿堂风。比赛厅空调采用座席底下送风的方式，空调通过9000多个直径仅为13cm的送风口向比赛大厅送风，设计时经过CFD模拟，在比赛时可以把比赛场地的风速控制在0.2m/s以下，经过实际使用测算，本场馆空调符合设计要求。本场馆是目前世界上第一次采用类似设计的专业羽毛球比赛馆。

比赛大厅跨度达93m，设计中对结构形式作了充分的探索。结构采用张拉悬索网壳结构，是目前国内跨度最大的张拉悬索网壳结构，结构轻盈灵巧，有效地改善了比赛大厅的室内观感，同时也和建筑轻灵飘逸的性格暗合。

8-12 实施方案低点透视

8-13　比赛大厅

8-14　比赛馆飘棚局部

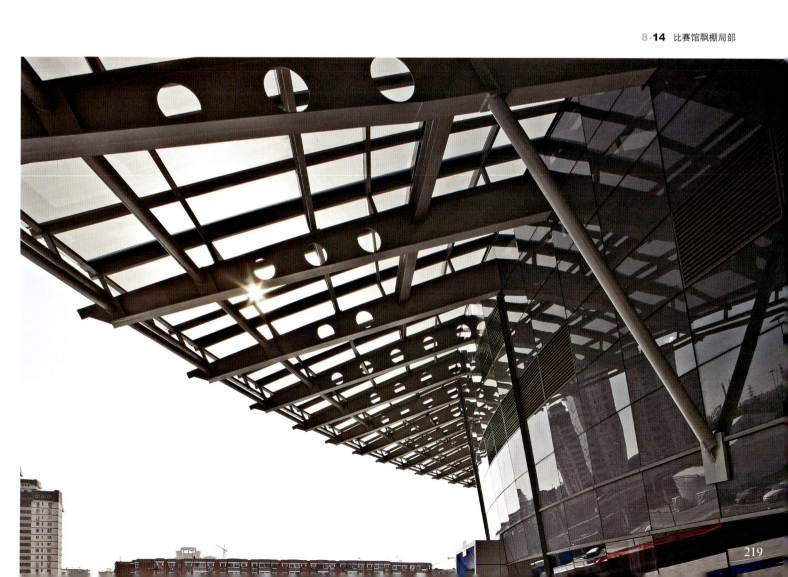

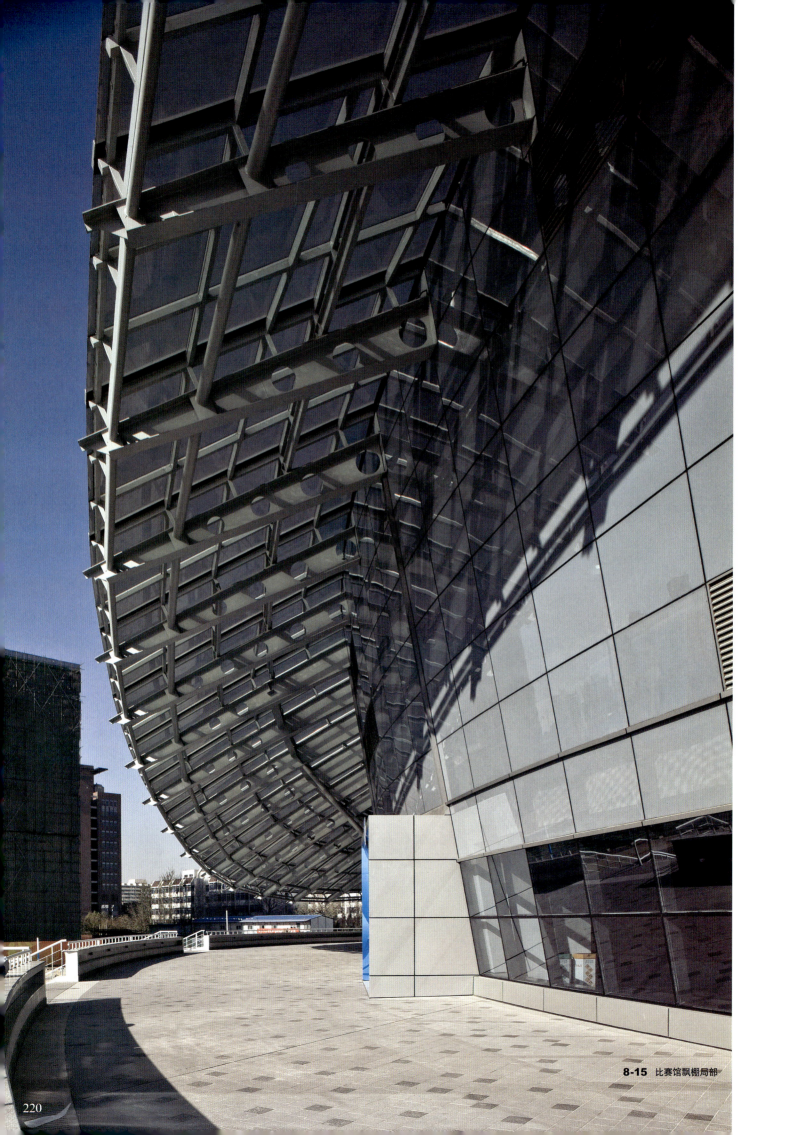

8-15 比赛馆飘棚局部

8-16 热身馆入口局部

8-17 从观众坡道入口望体育馆

8-18 主入口广场南侧

8-19 座席下的送风孔

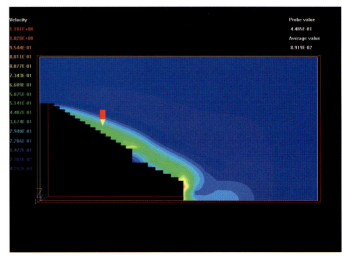

8-20 CFD模拟计算

建筑整体风格自外延续到内，室内设计延续建筑质朴、洁净、自然的风格，在有限的造价下，用普通的材料，营造出简约、丰富的室内空间。室内除了贵宾厅等局部空间外均无吊顶。利用在管道上喷涂色彩，使管道本身成为空间的装饰品。观众大厅利用钢结构自身的特点，形成富有特色的休息厅。首层功能区根据奥组委对各个功能区的标准色的规定设计各个功能区的主色调，增强功能区的可识别性，同时又丰富了室内空间。

8-21 通往比赛大厅的出入口

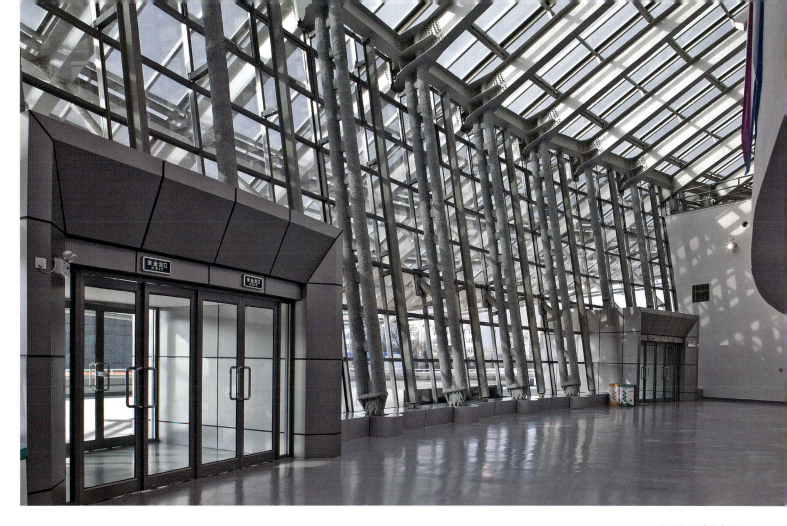

8-22 观众休息厅

8-23 室外局部

8-24 首层功能空间走廊

8-25 比赛馆采光天棚

三大理念实施
Three Concepts Realization

体育馆空间体形紧凑，合理布置天然采光窗，为日常使用节能降耗提供了最大的可能性。功能布局精致、灵活，满足各类室内运动项目的比赛要求。辅助设施配置合理，使赛后多功能有效利用成为可能，最大可能地满足了可持续科学发展的要求。机电设备的具体措施包括：

①供配电系统配置谐波抑制设备，减少高次谐波对系统的污染。照明灯具选用环保节能型产品。电缆选用低烟无卤交联型产品，配电线路敷设管槽不用PVC材料。场馆照明灯光采用智能图案化控制技术。以综合布线系统作语言、图像、数据及信息交换的平台，为建筑物各个独立子系统建立有机联系。采用计算机网络为体育馆的管理者与使用者提供高速可靠、安全有效的服务。公共广播及扩声系统采用数字化的网络型控制系统进行有效管理。安防采用数字化集成式控制系统，以实现多用户、多终端控制，便于赛事有效管理。

②充分利用地热资源，室内冷暖空调均由地热提供，环保节能。建筑物内所有雨水、排水管均不采用UPVC材料，而代之以经济、适用的金属管材（压力雨水管采用不锈钢管），污水管采用卡箍铸铁排水管。根据建筑物金属大空间屋面的特性，屋面雨水采用虹吸压力流排水系统，雨水统一排入校区的中水系统，达到统筹利用的目的（由校区统一考虑）。室外道路浇洒及绿化用水均采用中水，节约了自来水的消耗量，达到节约用水的目的。所有蹲便器、小便斗、洗脸盆均采用远红外感应冲水系统，坐便器采用节水型，既减少了用水量又避免了人员之间的交叉感染，达到卫生、节能的目的。

③采用先进的模拟能耗的分析软件，分析全年的能耗。结合奥运比赛及学校日常使用的实际情况，合理选择空调系统及设备。选择高效节能的空调设备（制冷机组、水泵、风机等），采用变频技术自动调节部分设备的能耗，以适应不同的使用要求，严格按使用要求计算各种设备的主要性能参数。在制冷设备的选择上，采用大小冷水机组搭配的方案按赛时使用、平时使用、平时部分使用及日常使用制定不同使用方案的运行策略。充分考虑自然通风、自然采光的方案，进行平时通用的CFD分析，做到学校使用时全面利用自然通风。采用分层空调的气流组织设计，减少大空间对能源的浪费，采用合理的气流分区管理，可灵活适应不同的使用要求。

残奥会利用
Paralympic Function

本场馆不属于残奥会场馆，但是仍然进行了精心的无障碍设计。所有运动员、观众、媒体、运营、官员等主要流线都采用无障碍设计，或设置无障碍通道，保证各个区域的可达性。为残疾人设置了专用的无性别卫生间。

后奥运时代的思考
Post-Olympic Thoughts

本体育馆面向奥运会比赛要求，也充分考虑赛后作为国家队训练基地，并成为北京工业大学的文体活动中心的需求，并考虑其他部分面向社会开放使用的可能性。热身馆可以供学校平时对外出租使用。首层辅助用房可以改造为学校的社团与文体活动用房，如书画室、舞蹈室等。由于本体育馆位于校园与城市的交界地带，对外服务条件良好，而作为北京东南部地区惟一的奥运场馆，其完善的功能、良好的配置将使本体育馆在奥运会后面临更多的机遇。

第 **09** 篇

北京奥林匹克公园网球中心
Beijing Olympic Green Tennis Court

项目总览
Project Review

1. 项目概况

奥林匹克公园网球中心位于奥林匹克森林公园南区的西侧,北临北五环路绿化带,承担2008年北京奥运会网球和残奥会轮椅网球比赛功能。奥运会后将成为集大型运动赛事、市民健身教育、公共演出、社会活动、商业服务于一体的综合性群众服务设施。

奥林匹克公园网球中心致力于创造一个位于森林中并与环境良好融合的体育中心,建设一系列高度专业化的网球设施,让人们在森林公园内享受网球运动带来的愉悦。

9-**01** 奥林匹克公园总平面图

9-**02** 微地形景观设计

9-03　练习场看1号平台

场地设计以整个森林公园作为背景，充分利用场地内原有地形高差，通过自西向东自然的缓坡形成微地形变化，在坡下东端设置了大部分附属功能用房。通过这一处理削弱了网球中心的建筑体量，使地面以上的观众看台部分更加简洁、纯粹。微小的地形起伏与整个森林公园的地形变化形成巧妙的呼应。

整体建筑自西向东布置了三个逐渐升起并切入森林背景的长方形平台，外侧平台为预赛场，最高的平台上布置中心赛场和1号赛场。观众活动区位于平台以上，贵宾、运动员、媒体等人员的活动空间布置在平台以下，立体地实现了观众和参赛及服务人员的分流，巧妙地适应了比赛功能。同时，平台的渐渐升起，也象征比赛从外场的预赛渐渐达到中心赛场决赛的高潮。

网球中心总体立面造型设计以简洁朴素为基调，以清水混凝土、钢材的质感含蓄地表达出与奥林匹克公园相匹配的形式，灰色的墙体与绿色的草地，整个建筑群与公园的整体环境恰到好处地融为一体，随着看台座椅数量的变化，三个赛场的看台高度逐渐升起，中心赛场的白色罩棚恰似12片纯洁的花瓣盛开在绿色的森林里，并向着湛蓝的天空中伸展。

网球中心设计中体现了诸多科技和环保特点，如场地机械通风与自然通风的合理组织，生态膜污水处理系统，地源热泵系统，太阳能集热设施的合理利用和高科技建筑材料的广泛应用。这些特点使整体建筑达到了建筑表现、使用功能、结构工程和环境工程的高度统一。

9-04 西入口道路看中心赛场

9-05 中心通道

9-06 1号平台角部

9-07 中心赛场看台局部

9-08 中心赛场内景

9-09 清水混凝土

9-10 室内实景照片

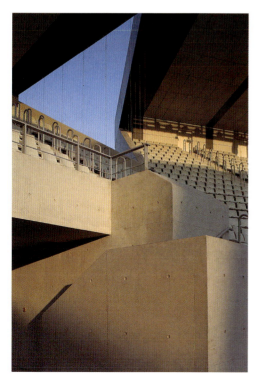

9-11 室内实景照片

9-**12** 采光内院实景

2. 项目信息

(1) 经济技术指标

建设地点：北京奥林匹克公园内，北五环路和国际区之间，北邻北五环路，东临北辰西路，西临白庙村路，南侧为奥林匹克公园射箭场

奥运会期间的用途：承担2008年北京奥运会网球男子单打、男子双打、女子单打、女子双打比赛，以及残奥会轮椅网球比赛

奥运会后用途：

· 运动竞赛，为国际最高标准的比赛提供一流的竞赛场地和服务设施

· 健身和教育，纳入全民健身体系，组织市民日常的比赛、健身和训练

· 演出和社会活动，市场化运作，举办社会大型活动，吸引游客和参观者

· 康体健身，容纳康体、健身和休闲设备，以及会员体系

· 商业服务，包括酒吧、商品零售和办公、宴会区域

观众席座位数，网球中心赛时共设置16块标准场地，中心赛场10378座，1号赛场4146座，2号赛场2167座，以及7片200座预赛场，6块练习场

建筑高度：

· 中心赛场，建筑高度23.40m

· 1号赛场，建筑高度11.37m

· 2号平台，建筑高度7.65m

· 3号平台、2号赛场，建筑高度7.20m

建筑层数：
- 中心赛场，2层
- 1号赛场，2层
- 2号平台，2层
- 3号平台、2号赛场，3层

用地面积：16.68hm²

总建筑面积：26514m²

地上建筑面积：26514m²

建筑基底面积：22295m²

道路、停车、广场面积：20150m²（含市政用地）

绿化总面积：51000m²

绿化率：30%

容积率：0.16

建筑密度：13.3%

机动车停放数量：450辆

（2）相关设计单位及人员

设计单位：中建国际（深圳）设计顾问有限公司

设计总负责人：郑方、吕强、吴嘉怡、许月、吴迪新、石少峰、苗苗等

方案征集
Draft Plan

1. 任务及方案征集概述

2005年5月17日，北京市2008工程建设指挥部办公室组织进行了关于国家网球中心、国家曲棍球场、射箭场建筑方案及设计的招标工作。中建国际（深圳）设计顾问有限公司和澳大利亚百瀚年建筑设计有限公司组成设计联合体共同参与本项目设计工作。

方案征集过程中项目设计要求概述如下：

项目用地位于奥林匹克公园北五环路和国际区之间，东至北辰西路，西至白庙村路。

项目规模：容积率不超过0.5，建筑高度不超过24m，网球中心可根据比赛功能需求适当调整。

网球中心：总建筑面积9800m²（不含临时设施建筑面积），内含10个赛场（包括一个1万座的永久赛场，1个0.4万座的永久赛场，一个0.2万座的临时赛场，7个200座的临时赛场），6块练习场，共计16块场地。

2. 中标实施方案

（1）设计理念

设计以下列理念为核心：安全舒适的公共空间与场所体验，专业化的体育工艺设计，成功的赛事组织和赛后运营模型，绿色节能的体育建筑。

网球中心方案设计致力于创造一个位于森林中的体育中心。通过自西向东设置的缓坡形成微地形的变化，一方面解决观众和特殊人群的流线分离；同样在坡下东端安排了大部分的附属用房。另一方面，通过这一处理来削弱网球中心的建筑体量，使地面以上的观众看台部分简洁、纯粹，如同位于森林中的三朵花。即使作为永久体育设施存在于森林

公园,仍然可以与整个公园融为一体。

网球中心设计过程中,设计团队与北京奥组委各相关部门均进行了深入的沟通与协调,各类用房的位置、面积、内部功能需求、交通组织关系等均基于奥运会赛事期间的场馆运营需求,同时也为赛后的运营改造提供了良好的基础条件。

(2)功能布局

网球中心自东向西分为3个平台。1号平台位于东侧,标高6.00m,中心赛场及1号赛场均设置于此平台。网球中心主要的功能用房设置于1号平台下±0.00m标高层,根据比赛使用要求,主要功能分区为竞赛区、观众区、运动员区、竞赛管理区、新闻媒体、贵宾区、场馆运营区等。6.00m标高处为主要的观众活动区域及观众服务用房。平台南侧正中为贵宾出入口,东南角为网联工作人员入口,媒体入口设置于西侧南部,西侧北部为场馆运营入口,东侧南部为主要的运动员入口,东侧中部设置了通向1号平台东侧练习场的入口,东侧北部为裁判、球童等人群的入口。1号平台南侧靠近贵宾出入口设置了贵宾停车场。

2号平台位于1号平台西侧,平台±0.00m标高层为半室外走廊,为技术官员、运动员、媒体等使用,他们通过2部电梯、4部楼梯上到3.00m标高层进入比赛场地,平台4.50m标高为观众通道,向下进入观众席。

3号平台位于2号平台西侧,贵宾、媒体通过±0.00m标高使用电梯、楼梯上到3.00m标高层,向下进入看台;运动员、技术官员等通过±0.00m标高使用楼梯向下进入-3.00m标高的比赛场地。

9-13 日景鸟瞰效果图

9-14 夜景鸟瞰

9-15 夜景透视效果图

9-16　赛场内效果图

9-17　日景透视效果图

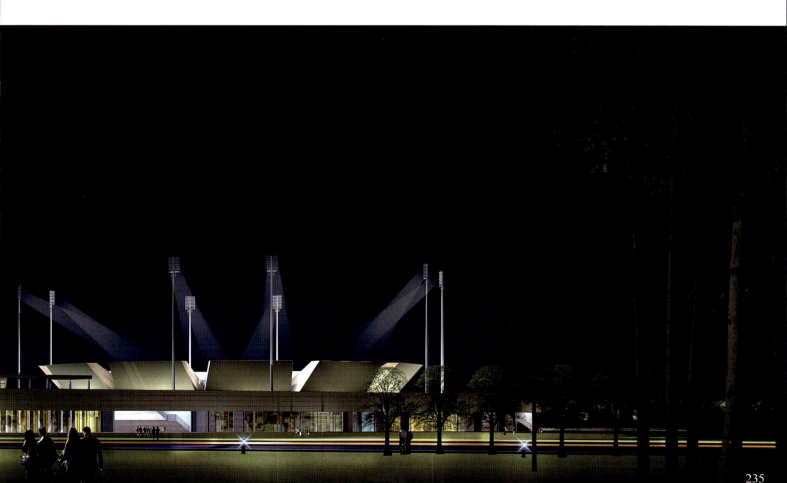

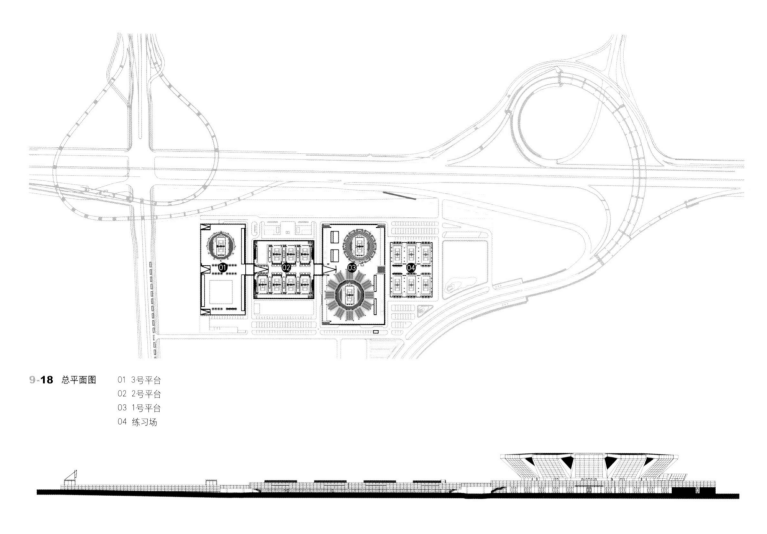

9-**18** 总平面图　　01　3号平台
　　　　　　　　　02　2号平台
　　　　　　　　　03　1号平台
　　　　　　　　　04　练习场

9-**19** 南立面图

9-**20** 平台首层组合平面图

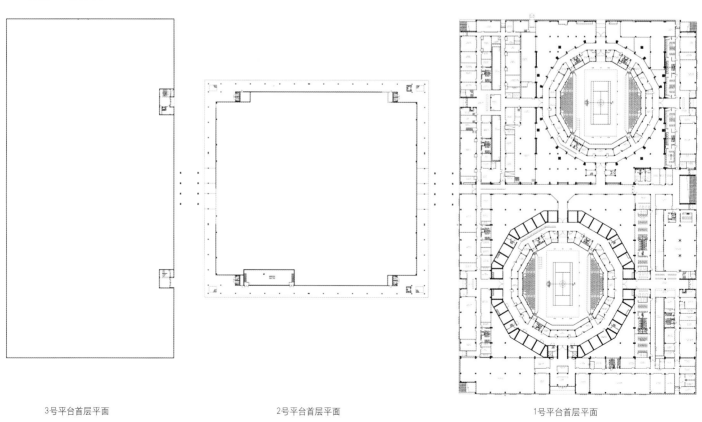

3号平台首层平面　　　　　　　　2号平台首层平面　　　　　　　　1号平台首层平面

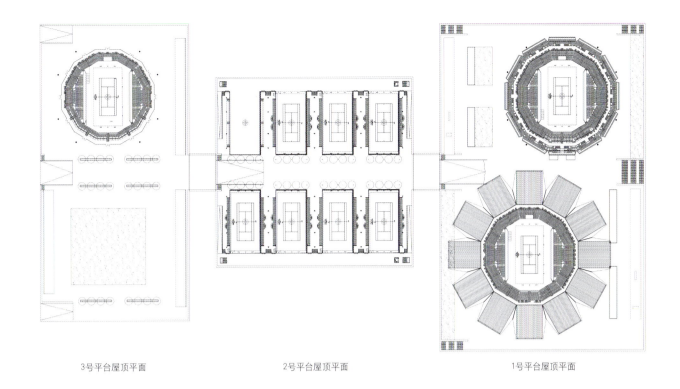

3号平台屋顶平面　　　2号平台屋顶平面　　　1号平台屋顶平面

9-21　平台屋面层组合平面图

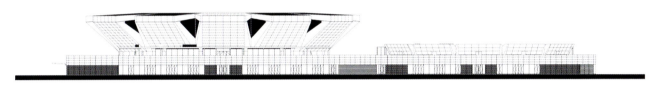

9-22　1号平台立面图

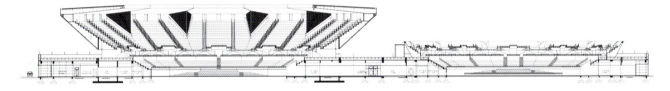

9-23　1号平台剖面图

9-24　景观设计总平面图

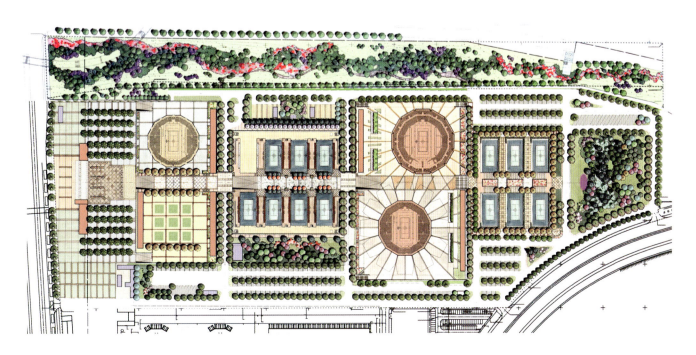

建筑解读
Architectural Analysis

方案中标后，设计团队针对奥组委以及交通、安保、卫生、北京奥林匹克广播有限公司（BOB）、场馆运营等相关各部门的具体需求，对中标方案进行了有针对性的、详尽的修改。

部分主要内容如下：

· 根据赛时运营要求以及交通、安保情况，优化场馆前后院布局，结合网球比赛的特点，调整观众集散区，深化公共空间格局和尺度；

· 根据国际网联、中国网协的专业意见进行方案调整；

· 调整赛场布局，同时设置微地形景观，种植树木，减少噪声影响；

· 后院增加道路，同时设置单行线，减少交通交叉；

· 增加停车场面积，保证赛时使用；

· 利用地形，设置平台，以立体交通方式解决前后院人群之间的交通问题。

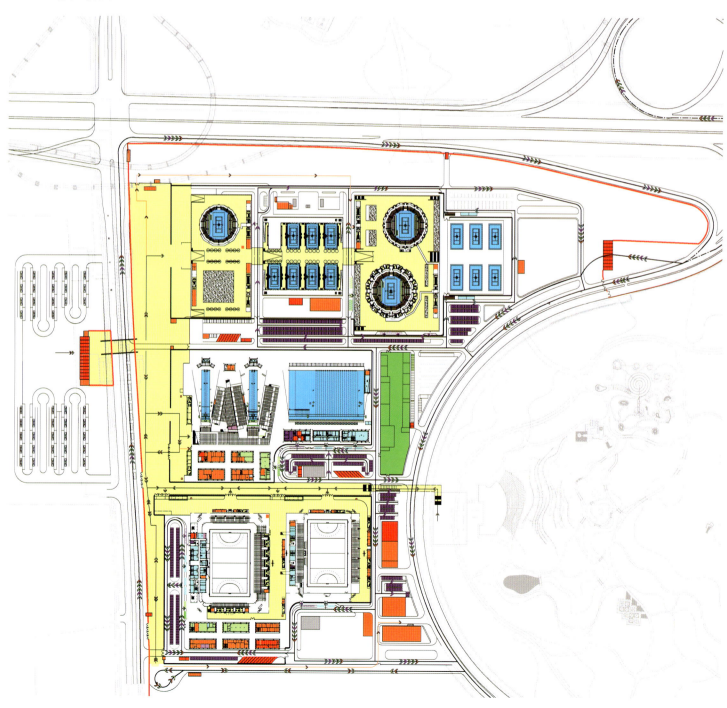

9-25 实施方案总平面图

设计方案调整过程中,得到了国际网联(ITF)、英国建筑设计顾问公司(BDP)、中国网协、奥组委等相关各专业部门的大力协助,国际网联为北京奥林匹克网球中心特别制定了详尽的场馆要求,就场地格局、功能布置提供了指导性意见,对设计团队起到了很大帮助。

同时,在此过程中,设计团队也针对各方要求对场地布局、建筑体形、景观设计等进行了深入细致的研究工作,比照四大网球公开赛的场地规划,逐渐完善了核心的设计理念。

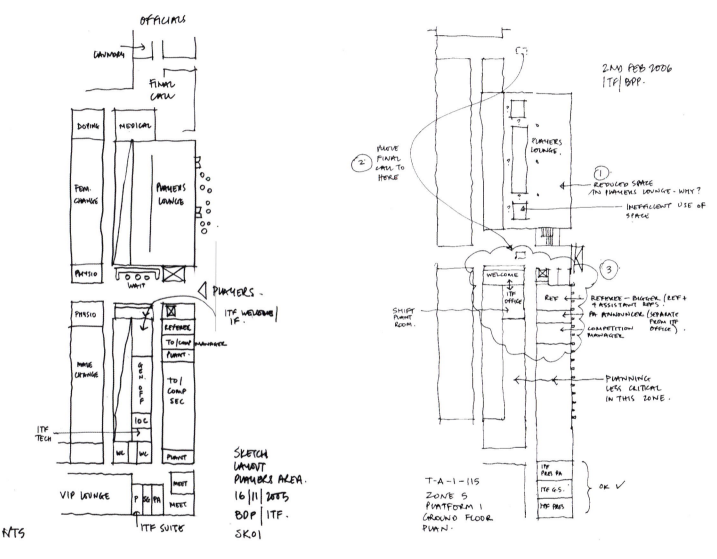

9-26 ITF关于运动员区的草图　　9-27 ITF关于技术官员区的草图

9-28 过程规划

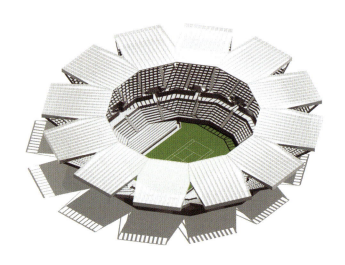

9-29 中心赛场造型研究草图

9-30 核心设计理念

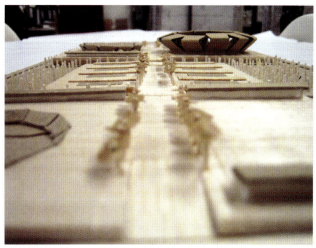

9-31 设计推敲模型

技术设计
Technology Design

1. 结构专业

网球中心采用超长钢筋混凝土悬挑结构,达到8度抗震设防的要求。

中心赛场是一个外形为12边形的钵状结构,底部直径为79.7m,整个结构坐落在高6m的平台上。平台、看台结构和21.6m长的罩棚的截面构成一个"Z"字形。由于罩棚结构形状特殊,对风荷载非常敏感,为确定结构的风荷载体型系数对结构和表面饰物的影响,设计团队通过风洞模拟实验进行了测试,同时也在场地表面高度2m的平面内均布了9个点,测试了比赛场地区域地面上部的风速,并根据风洞试验的结果修正了部分设计数据。

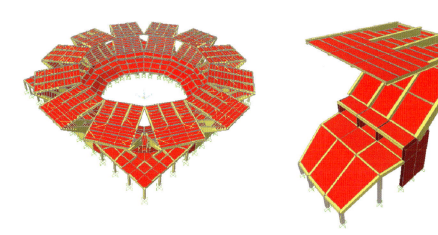

9-32 中心赛场结构示意图

9-33 中心赛场

9-34 风洞试验模型

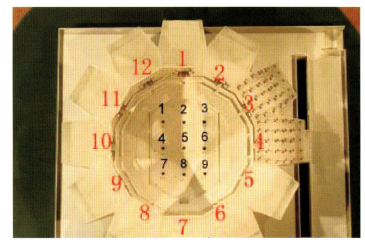

9-35 风洞试验模型

2. 强电专业

室内照明：采用高效节能T5荧光灯管，光效比T8管提高近50%。且灯管直径的减小，使涂层用量减小，利于环保。

体育照明：比赛场地的照明设计满足BOB对于电视摄像转播在垂直照度、照度均匀度、照度梯度、眩光、显色性及色温等方面的要求。同时采用智能照明控制系统，把所有灯具按高清晰度电视转播、训练、应急、清扫等使用条件规划为多种开关模式，以满足电视转播、比赛及训练、维护的照明要求。计算机可以模拟现场开灯状态，自动检测灯具是否正常工作，并反馈显示故障灯的位置，降低系统的管理维护工作量，提高系统的可靠性。

9-36 场地体育照明设计示意

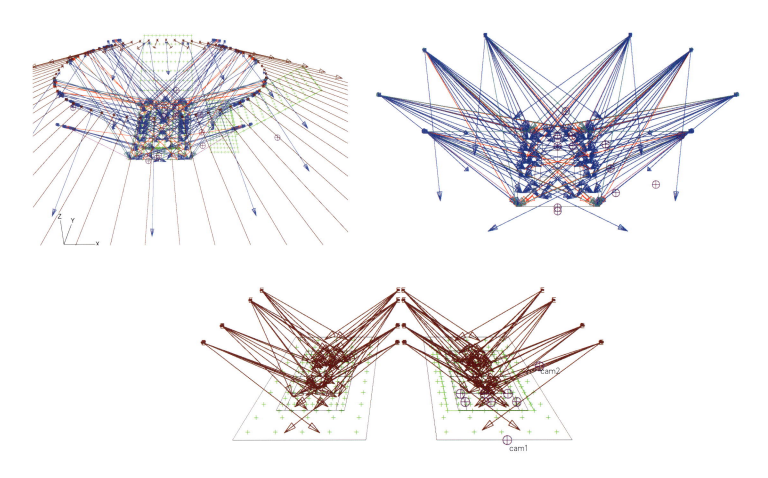

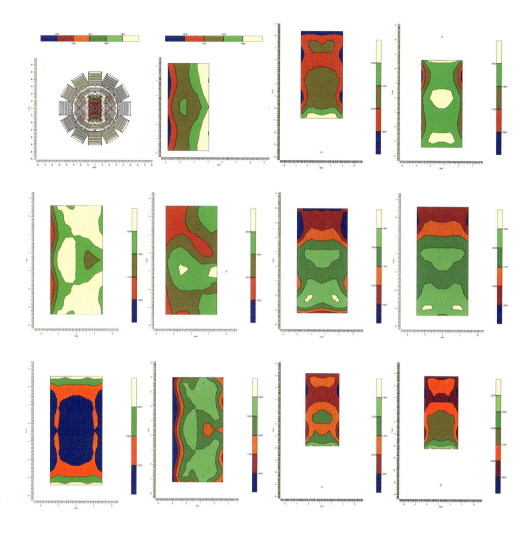

9-37 场地转播照明设计示意

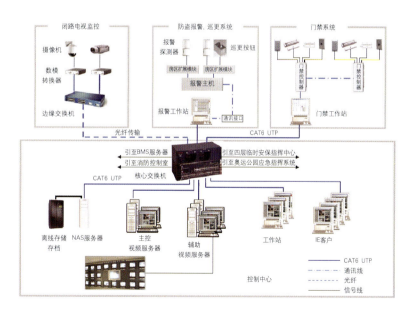

9-38 广播系统示意图

3. 弱电专业

网球中心统一考虑公共广播系统。系统采用全数字音频网络系统，所有音频除了输入端（声源到数字处理器）和输出端（功放到音箱）为模拟音频信号，其余线路，如音频处理、线路传输、设备级联应为全数字音频信号。所有音频信号的传输，如分控机房到主控机房之间的连接需使用1000M光纤，通过基于标准以太网的CobraNet音频信号进行传输。数字化的音频网络系统具有极大的灵活性，可以方便地扩展分区，增加声源和话筒。

9-39 罩棚顶太阳能集热设备

4. 给排水专业

(1) 太阳能供热水系统

网球中心所有淋浴用热水，均采用承压式太阳能加电辅助供应方式。太阳能集热板与建筑形式充分结合，满足美观的同时，节约能源。

(2) 污水零排放

本区域污水全部回收，经污水处理站集中处理达标后回用于冲厕与绿化，充分节约水资源，可作为绿色奥运的标榜工程。

9-40 太阳能供水系统原理图

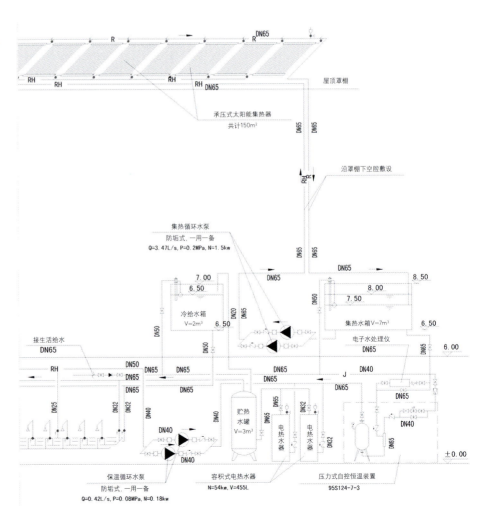

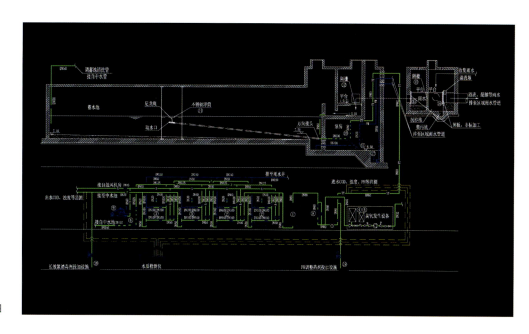

9-41 雨水处理系统原理图

5. 暖通专业

（1）地源热泵空调系统，充分利用浅层土壤能量系统。

（2）采用新排风热回收技术，回收排风中冷（热）量对新风进行预冷（热）。

（3）对赛场采用机械通风与自然通风机结合的技术，可提高赛场的舒适性，改善比赛环境。

9-42 地源热泵系统原理图

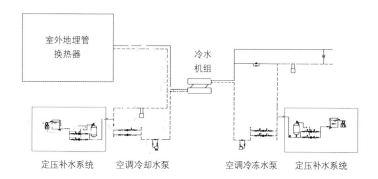

9-43 场馆送风口位置　　9-44 场地通风

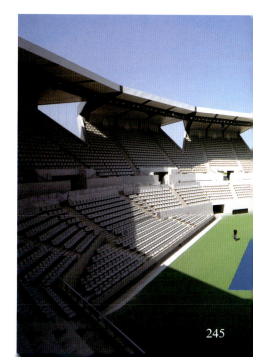

施工建设
Construction

1. 工程管理模式

奥林匹克公园网球中心项目由中国建筑一局（集团）有限公司承担施工总承包管理，工程监理为泛华建设集团有限公司。

本工程为项目经理负责制，中国建筑一局（集团）有限公司成立以项目经理为核心的项目管理机构对工程项目实施施工总承包协调管理。并按照国标GB/T 19001质量管理体系的要求建立了以持续改进为基本原则的项目质量管理体系，建立了完善的职业健康安全管理和环境管理体系。

依托中建一局集团制度化、规范化项目管理体制，以全面计划管理为核心，以细致的技术管理为龙头，以详细的项目管理制度和岗位责任制度为手段，确保了项目各项管理目标的实现。

2. 工程技术要点和难点

（1）超长构件清水混凝土施工

本工程外饰面主要采用清水混凝土，与其他清水混凝土工程相比特点是超长、连续、异型。

本工程1号平台栏板长为680m，2号平台栏板和挡土墙长450m，且挡土墙为楔形截面。对于超长的清水混凝土构件，对表面平整度和构件的顺直度的控制难度很大，也对清水混凝土颜色的均一性要求较高。

变截面的挡土墙在控制螺栓孔漏浆方面是清水混凝土施工的一个难题，通过成立QC小组，群策群力，清水混凝土施工质量得到各方的一致认可。

（2）超长混凝土悬挑斜梁施工

本工程中心赛场悬挑斜梁悬挑长度17m，高度11.4m，倾斜42°，外装饰为清水混凝土挂板，施工难度大。

悬挑斜梁为变截面的钢筋混凝土结构，钢筋密集，脚手架搭设、模板支撑以及混凝土浇筑都存在很大的难度。通过多次专家论证，最终确定选用脚手架搭设以及模板支撑方案，并分5次进行混凝土浇筑。

9-45 中心赛场实景

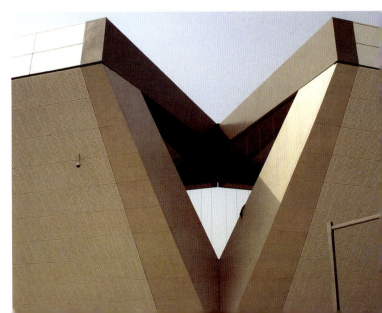

9-46 中心赛场悬挑斜梁

外饰面的清水混凝土挂板,两块板拼成"L"形,每块板的尺寸和角度都不同,施工单位采用三维图形设计技术,确定每块板的尺寸和大小,安装精度要求高,安装难度大。

(3) 彩色混凝土架空屋面板施工

本工程1号平台采用的是彩色混凝土预制架空屋面板,面积为2.3万m²。预制板尺寸为1200mm×600mm×80mm。如此大面积的彩色混凝土预制架空屋面在国内很少见,加工及施工难度都很大。

(4) 清水纤维混凝土看台面层施工

本工程三个赛场的看台面层选用50mm厚C25合成纤维混凝土。合成纤维混凝土是在混凝土中加入由聚丙烯制成的合成材料纤维丝,以增强塑性混凝土的抗拉能力,显著降低其塑性流动和收缩微裂纹。

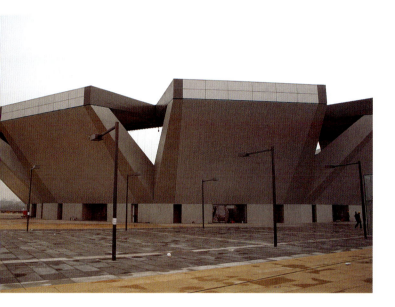

9-47 架空屋面

9-48 赛场看台台阶

(5) 干混砂浆技术应用

干混砂浆是一种高品质、多功能的新型绿色材料,原材料在工厂经过严格精选、精密计量和高效均匀混合而成,现场使用时仅加水调和即可,它的使用在保证工程质量、减少污染、提高施工效率等方面起到重要作用。本工程采用自动灰浆机对干混砂浆进行搅拌和喷射施工,工效高,质量好。

(6) 太阳能热水系统

本工程采用安全、环保、节能的双管供水,承压式太阳能集热器电辅助加热供热水系统,电加热作为太阳能不足时的补充热源。太阳能集热器加热循环管路同程式布置,设冷水箱和集热水箱平衡供水压力,冷水箱和集热水箱内均设有液位远传显示装置,通过液压水位控制阀补水。

(7) 采用地源热泵系统进行赛场的供暖和制冷

地源热泵系统是利用浅层常温土壤中的能量作为能源,是一种可再生能源。本工程地源热泵主要用于2号赛场下的功能房间,夏季供冷,冬季供热。

(8) 生态膜污水处理技术

本工程建立了一座日处理能力180吨的污水处理站,采用了生态膜技术进行污水处理,产生的中水完全用于冲厕、绿化和冲洒场地,不外排。实现污水零排放。

三大理念实施
Three Concepts Realization

1. 绿色奥运——展示可持续环境理念

①利用可再生能源，采用地源热泵系统，减少对水、电及建筑资源的耗用；利用太阳能光热技术，加热生活热水。

②自然通风及自然采光设计。

在中心赛场和1号赛场环廊内设置采光天井，为内廊引入自然采光，同时为1号平台进深较大区域设置内院，既为主要用房提供了充足的自然采光，也创造了良好的景观效果。

采用计算流体动力学（CFD）方法，利用CFD计算模型以及观众席和其他区域的内部环境资料，在自然通风和机械通风条件下，对场内的热环境进行分析。考虑室外风环境对网球场内部热环境有一定的影响，因而选定室外无风和室外有风的情况下，对网球场的室内温度场和速度场进行测试，以分析现有通风形式下场馆内部的人员热舒适性。

根据风洞试验及CFD计算模型，中心赛场上部看台处的开口区域与底层看台处的地沟送风对看台区及场地区均起到了良好的改善舒适度的作用。无风及有风情况下，赛场人员活动区热舒适性随着高度的增加逐步改善，场地区域气温也得到了有效的降低。

9-49 自然采光

9-50 自然采光

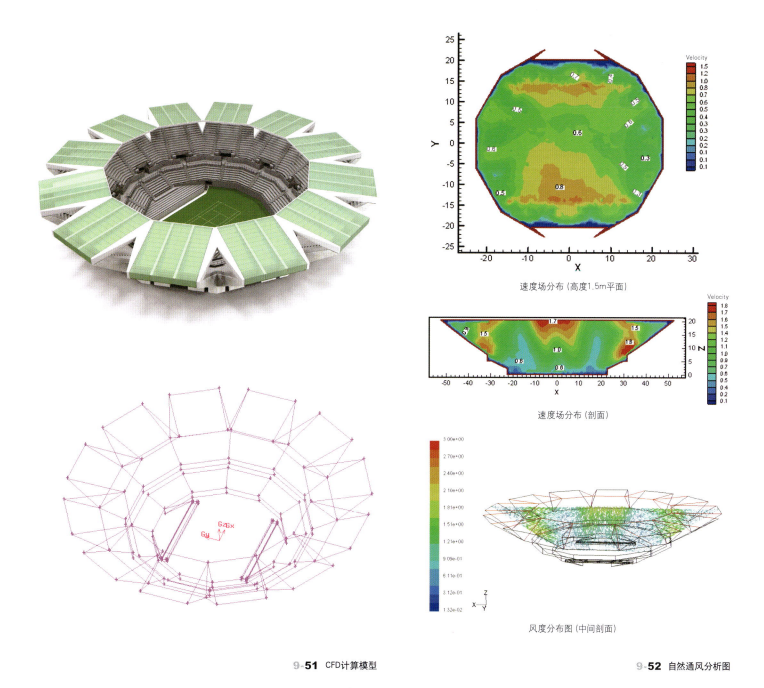

9-51 CFD计算模型　　　　　9-52 自然通风分析图

③采用绿色照明技术,绿色产品,不同场景照明控制,节能照明辅助系统,提高灯具功率因素,降低用电量,提高使用寿命。

④收集场馆内的污废水,经过中水处理系统回收利用,达到场地内污废水零排放;区域内大部分雨水经室外雨水管道收集后,通过自然沉淀澄清作用,再由水泵抽取水体上层澄清的水,用于区域内的绿化、浇洒。

⑤采用绿色环保建材及再生或可再生材料,临建设施采用钢结构,活动房可拆解后重复使用,选用便于安装、拆卸的设备,不用建设土建房屋及相关配套设施,节省投资,赛后拆除对环境无不良影响;利用疏散平台设置地下建筑,屋顶较厚,土层起到很好的保温隔热作用,降低能耗。

9-53 污水处理系统原理图

9-54 环保建材

2. 科技奥运——采用高科技信息服务

①智能安防系统。

②智能消防系统。

③场馆即时发布与综合比赛信息发布显示系统及设备。

④交互式数字电视。

⑤先进的宽带网络技术设备。

3. 人文奥运——为所有参与者创造最佳观看比赛的体验

①景观融入规划，种植乔木为观众遮阳，改善广场气候。

②为每一赛场全部观众包括残障人士提供最佳视线条件。

③以国际标准提供无障碍看台及各项无障碍设施，图片及详细说明见残奥会利用。

④为运动员提供细致入微的服务设施。

⑤为媒体提供电视转播和文字、摄影工作的平台。

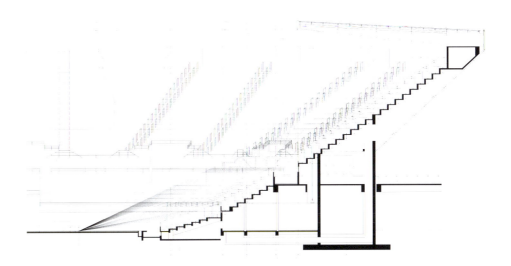

9-55 中心赛场视线分析图

9-56 中心赛场实景照片

残奥会利用
Paralympic Function

1. 残奥会特点

奥运会后，奥林匹克公园网球中心还将进行残疾人奥运会轮椅网球比赛，届时会有很多残疾人和行动有障碍的运动员、观众、官员前来参加比赛，观看比赛，设计中充分考虑残奥会残疾人参加的运动项目特点和要求，并满足残疾观众的需求。

2. 残奥会设计要点

网球中心的设施全部符合国际通行的无障碍设计标准。

场外场地通过盲道，可将残疾人顺利引导至相应区域。

在场地主入口处设置残障设施租借室。

场地停车场内预留专用的残疾人车位；在看台残疾人座席区附近均匀设置残疾人专用卫生间。

1号、2号、3号平台间均以1:20的坡道作为主要连接方式，保证残疾人可到达各个赛场；建筑入口设计残疾人坡道；在观众席靠近入口处设轮椅专用座椅和陪伴者座椅。

9-57 无障碍卫生间

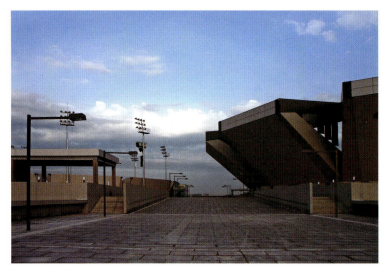

9-58 中心坡道

9-59 贵宾入口

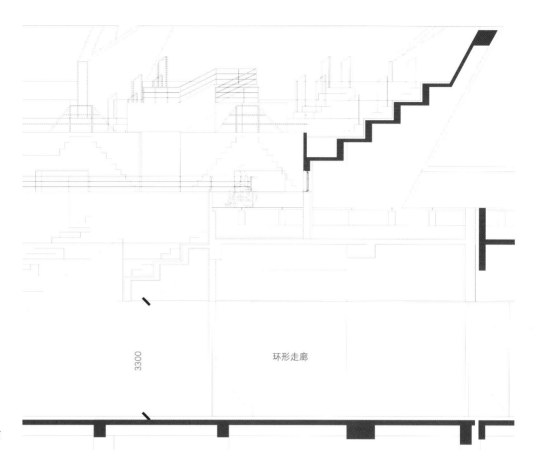

9-**60** 无障碍座席剖面

9-**61** 无障碍座席区域

后奥运时代的思考
Post-Olympic Thoughts

1. 运营设计与赛后利用

承办国际、国内和地区性的大型网球比赛,如世界青年杯赛、WTA巡回赛(中网公开赛)、ATP大师赛、大满贯杯赛、戴维斯杯赛和联合会杯赛。

新建6片场地的室内馆,12片室外场地,改扩建比赛场、运动员设施达到大满贯赛事设施水平。

2、场馆使用的社会化

运动竞赛:最高标准的比赛场地和服务设施。

健身和教育:市民日常的比赛、健身和训练。

演出和社会活动:举办社会大型活动,吸引游客和参观者。

康体健身:容纳康体、健身和休闲设备,以及会员体系。

商业服务:包括酒吧、商品零售和办公、宴会区域。

9-62 网球中心赛后运营设想效果图

第 **10** 篇

青岛奥林匹克帆船中心
Qingdao Olympic Sailing Center

项目总览
Project Review

1. 项目概况

青岛国际帆船中心位于山东省青岛市。青岛濒临黄海,作为2008年奥运会帆船比赛的场地,具有独特的人文和自然优势。用地选址在青岛市行政中心东侧——原北海船厂用地内。北海船厂区域包含大约45hm^2平地,并且具有2878m的直达浮山湾的海岸线。其规划设计将有序开发北海船厂区域的环境品质,又为奥运会赛事提供一个活跃的水滨环境。整个总体规划划分了明确而强烈的轴线,并利用生态型的建筑群体界定不同的开敞空间。方案完整地保留了原总体规划的整体构架,在满足设计任务书要求的同时,对各个单体建筑进行了精心的设计,使单体建筑互为映衬,形成一个高度和谐、特色鲜明的建筑群体。建筑本身的设计高度反映出所在位置的地形和地貌条件。

10-01 媒体中心观光塔

10-02 行政管理中心外景

青岛国际帆船中心工程按照奥运比赛要求共由五栋建筑组成:
· 行政与比赛中心——奥运会政府官员主要办公场所（赛时）
· 奥运村——运动员住宿（赛时）
· 运动员中心——运动员健身休闲场所（赛时）
· 后勤保障及供应中心——为奥运赛时提供后勤服务（赛时）
· 媒体中心——新闻媒体主要办公场所（赛时）

10-03 奥运村外景

10-04　运动员中心外景

10-05　运动员中心外景　　　　10-06　运动员中心内景

10-07 后勤保障中心外景

10-08 媒体中心外景

10-09 护坡堤上看媒体中心

2. 项目信息

(1) 经济技术指标

总占地面积：450873m²

工程占地面积：312100m²

海域面积：40000m²

总建筑面积：121729m²

  其中，地上建筑面积79482m²，地下建筑面积42248m²

建筑物占地面积：21874m²

容积率：0.39

建筑密度：7.01%

绿化率：60%

道路广场用地率：47.49%

最大建筑高度：62.0m

停车位：1177辆

  其中，地上停车位754辆，地下停车位423辆

防波堤：830m

护岸：670m

码头：552m

陆域停放船只数量：269艘

海域停船泊位：110艘

(2) 相关设计单位及人员

外方设计单位：澳大利亚COX公司

中方设计单位：北京市建筑设计研究院

主要设计人：解钧、徐浩、唐佳、汪大伟、王竞等

方案征集
Draft Plan

1. 任务及方案征集概述

2003年11月受青岛市奥帆委的委托，青岛市规划局组织青岛奥林匹克帆船中心及其周边环境设计的国际招标工作。方案招标公告发布后，共有50多家国内外设计单位报名。经严格的资格审查，美国的SOM建筑事务所、西图国际公司，德国的V-CONSULT及GMP建筑事务所，澳大利亚的COX公司、KBR公司，瑞典的SWECO建筑事务所等12家设计单位入围。

2004年3月19日由青岛市规划局主办的《第29届奥林匹克运动会青岛国际帆船中心建筑单体方案及环境设计国际招标》评审工作在青岛结束。由澳大利亚的COX公司与北京市建筑设计研究院组成的联合体提供的方案被确认为最终实施方案。

2. 中标实施方案

(1) 设计指导思想及特点

① 满足设计任务书的所有要求，全面实现和扩展总体规划的目标和理念。

② 在确保满足奥运会帆船比赛功能要求的同时，兼顾了满足长期举办大型水上运动比赛，并于非赛时成为以水为主题的丰富、生动的休闲水滨场所的可持续利用要求，最大限度地发挥奥运场馆的社会效益和经济效益，使之成为享有国际较高知名度的综合性

水上运动中心和滨海旅游观光胜地。

③ 强化与现有的中央商务区的联系，使之成为商务区商业未来发展的自然延伸，认可并推动、改善场地周边的现有住宅，创造一个生气勃勃的城市环境，使之成为居住、商业的乐园。

④ 注重环保，利用可再生建筑材料最大限度地减少对环境的影响。

⑤ 节约能源，保证奥运设置实现赛后的顺利转换。

⑥ 遵循"设计结合自然"的理念，分析不同的场地特征，结合原有船厂遗留的众多构件，引入具有东部沿海风格的植物种类，展示生态多样化。

(2) 规划布局

对于有序地开发北海船厂区域，创建清晰的规划结构是非常重要的，而这不单单涉及一个规划的样式问题。

总体规划的功能布局旨在实现以下的目标：

① 在界限内创建易识别性标志。

② 以有效的方式组织开放空间和通道。

③ 保证节点空间和地点的可识别性。

④ 创造一个统一的建筑整体，创造性地运用场地内的各种条件和要素。

为达到这些目标，整个设计将围绕如下的原则展开：

10-10 总平面图

01 行政办公中心
02 奥林匹克广场
03 奥运村
04 运动员中心
05 服务车库/集装箱
06 后勤及志愿者中心
07 停车场
08 干船坞
09 奥运纪念墙码头
10 港池水域
11 帆船下水坡道
12 信号旗帜
13 船只停放区
14 集装箱停放
15 测量大厅
16 其他船只
17 后勤船
18 新闻媒体中心

10-11　整体鸟瞰效果图

① 提供两个进出场地的"门户",将现有的道路网络与明确简洁的内部路网(包括林荫干道和较小的区内道路)相连接。

② 开设两条明确的城市步行轴线,将所有建筑与人行路网相联结。

③ 保留山地和紧邻的周围环境作为公共公园用地,并根据其特殊的位置条件形成绿色景观走廊。

④ 设计一系列面向水滨和其他景观性元素的景观走廊和视觉场景。

(3)建筑形式

建筑的布置力图强化公共区域和滨水的特点。

单体建筑形式充分利用明确而大胆的通透、开敞的空间体系,使单体布置更趋合理。

建筑高度由周边向两条轴线的交会处逐渐增高,高大建筑位于视线的焦点。建筑形象具有高度的雕塑感,并从舰船、小艇和帆等汲取灵感,使建筑散发着浓厚的海洋气息。

所有建筑,特别是住宅设计都最大限度地合理利用天光,在建筑外墙面设有层次分明的百叶和遮阳控制装置。

(4)各建筑单体简介

① 行政与比赛中心

该中心奥运会后将成为国家水上运动中心,设施的转换简单易行。内部空间将作稍许调整,作为国家帆船队的办公用房;东侧的公寓将继续为国家队队员及官员提供住宿服务;其他公共区域,包括餐厅、室内游泳池、娱乐厅、船只停放区等在赛后保持原状。

该中心的设计力图在外形和建筑表现上突出海洋特征,将船壳、船体和码头结构等运用于建筑形体中。

10-**12** 行政与比赛中心鸟瞰图

10-**13** 行政与比赛中心透视图

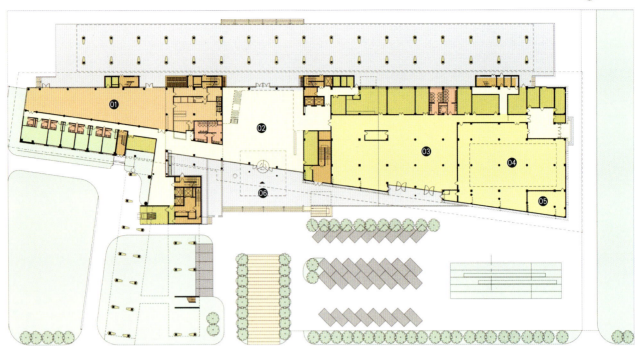

10-14 行政与比赛中心一层平面图　　01 餐厅　　04 动力艇船库
　　　　　　　　　　　　　　　　　02 大厅　　05 游泳池机房
　　　　　　　　　　　　　　　　　03 船库　　06 主入口

② 奥运村

运动员公寓的设计和组合将保证在奥运会后可改造为四星级酒店,对建筑本身的改动保持在最小。不同的房型可根据需要改装为不同尺寸的酒店客房。

其国际区将成为酒店裙楼的组成部分,为酒店和相邻塔楼内的公寓式客房提供服务。奥运会前后的改动将保持在最小,大多数设施,包括餐厅、会见厅、厨房、商务中心等将保持原貌。

其建筑组团围绕中央升旗区布置,是基地的中心,也是贯通整个帆船基地的轴线的高潮点。建筑形式力图精彩,具有海洋特色以及船具结构的形态,为运动员留下持久的印象。奥运村的标志是两幢拥有特殊屋顶结构的塔楼,形成中央轴线的门户以及升旗区的终点。

建筑的设计注重环保。所有生活区都具有正确的朝向和通风,建筑还设有太阳能动态系统,如太阳能热水、太阳能电池以及可重复使用的中水系统。

塔楼的设计结合了多种动态和静态的环保措施,并在建筑形式上得以体现,成为突显绿色奥运精神的标志。

10-15 奥运村远景

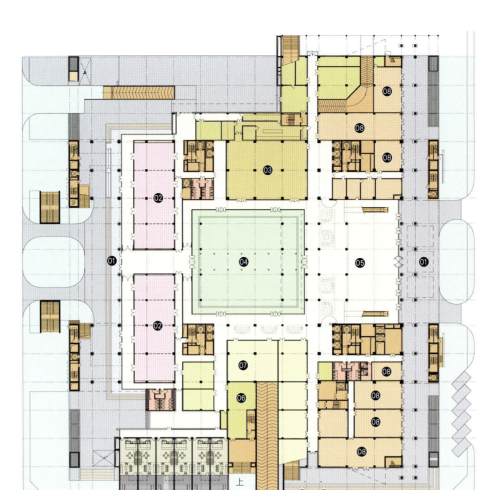

10-16 奥运村一层平面图
01 主入口　　04 室外庭院　　07 小超市
02 展示/会议　05 入口共享大堂　08 商业
03 早餐厅　　06 消防控制中心

10-17 奥运村透视图

③ 运动员中心

奥运会后这一中心将改造成为为附近的酒店、旅游设施和国家帆船总部服务的娱乐和放松场所。

成绩公布竞赛区将被扩建改造为一个酒吧和休息室，为邻近的休闲和泳池提供所需的服务。经过扩建改造后，整个中心将形成一个自足的类似于俱乐部的空间，为游客和住宿者提供服务。

改造后的中心将具有足够的需求弹性，提供所需的文化、商业和旅游方面的功能。

运动员中心的建筑形式鲜明，具有高度的表现力，并与所在位置相结合，成为帆船基地内的又一个标志。与基地内的其他建筑相一致，该建筑的造型也具有海洋和船帆的特征。建筑的曲线和拉力结构让人自然联想起船艇。每个功能分区都被赋予了独特的形式。各个建筑布置形成一个公共庭园，面向庆典区和海湾。

④ 后勤保障及供应中心

该中心位于比赛区的东侧边界，相对独立。

该区内的建筑，在赛事过后将按照周围地区的规划作景观处理。奥运会后各功能区都设有各自的后勤保障区。

01 餐厅
02 室外平台
03 洗浴
04 车道

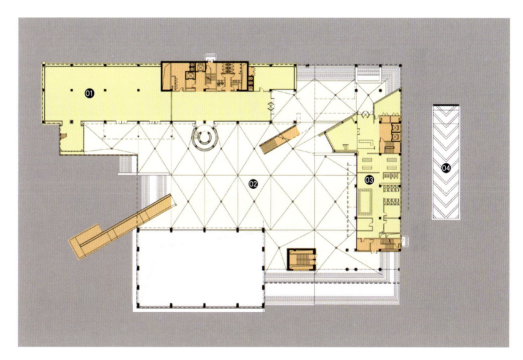

10-18 运动员中心一层平面图

10-19 运动员中心剖面

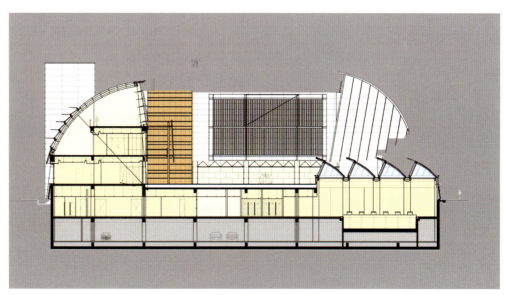

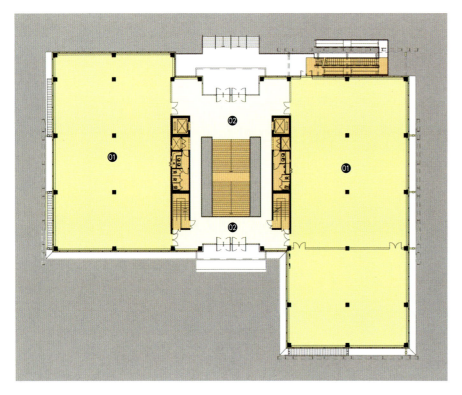

01 会员俱乐部
02 门厅

10-20 后勤与保障中心首层平面图

10-21 后勤保障中心透视图

10-22　媒体中心透视图

景观设计：该区内拥有天然的山地和面向海湾及远海的广阔视野。景观设计将结合中国传统的方式反映"山"的概念。区内现有的种植将通过引进抗强风的树种，特别是松树，为其他开花植物和落叶灌木提供保护。景观设计将融入风水学中的山水理念，包括：向山顶铺设步行小径和台阶，沿途设置座椅。

⑤　媒体中心

媒体中心坐落在场地的最南端，面向大海和帆船比赛水面视野十分开阔。建筑造型由三个元素组成，不论从陆上还是从海上观看，建筑轮廓都鲜明有力。功能空间则可进一步划分为四个组成部分。裙楼上方楼层的不同空间内，各自呈现船体的形态。媒体中心还立有一个可观望比赛水面的极具雕塑形态的塔楼。

媒体中心赛后将成为国际游艇俱乐部的会址，媒体停车区将成为俱乐部的停车场。上部楼层将改装为餐厅、酒吧、台球室以及俱乐部会员与管理者用房。下层将改装成为游艇维护和维修用的工作区和储藏室。

媒体中心濒临海岸，因此将布置松树以抵御冬季强风，为夏季提供遮阳，从而为户外活动区带来习习凉意。沿水滨公共步道将布置座椅、照明和解说性的说明元素。

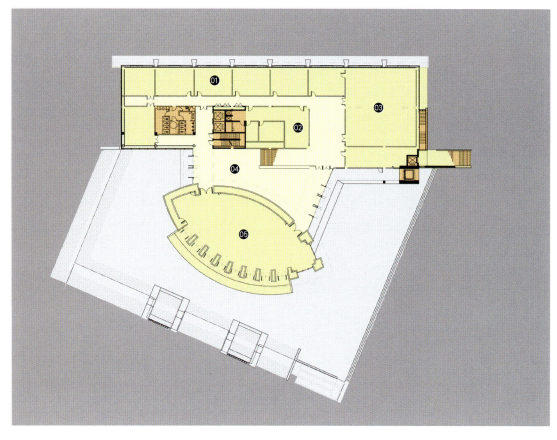

01 办公
02 备餐
03 多功能厅
04 中庭
05 接待大厅

10-23 媒体中心一层平面图

建筑解读
Architectural Analysis

1. 方案深化

在结合实际工程，落实中标方案的过程中，如何将赛时和赛后的功能相结合，在满足奥运会期间使用的同时，更好地满足奥运会后使用的需要，是设计工作的重要方面。

就奥运村为例，在赛后，奥运村将改造为一座五星级酒店，我们在设计深化的过程中，按照赛后酒店管理公司提供的功能技术要求对奥运村的方案进行了相应的调整，将原设计的四星级酒店标准调整为五星级，并将客房数由432间增至550间，同时按照赛后酒店的经营需要增加了餐厅、游泳池、健身中心等，并且将原方案设计的大面积商业空间改为了会议中心。经过这些修改，使得奥运村大量减少了项目赛后改造的工程量，节省了大量的后期改造费用。

2. 方案调整

在方案的调整过程中，在满足奥运需要的前提下，本着"节俭办奥运"的设计理念，我们尽可能地对方案进行优化。

在行政与比赛中心的设计中，我们结合奥运赛时要求与国家水上运动中心的赛后需要，对中标方案进行了大量的优化工作，将使用功能尽量集中，减少不必要的功能用房，优化交通流线，最终将建筑面积由原方案的2.4万m²减少到了1.6万m²左右。

技术设计
Technology Design

青岛国际帆船中心积极利用新技术、新工艺,在场馆设施建设的设计、技术水平和举办国际比赛的适用程度上,力求达到国际先进水平,创造出体育建筑精品。

1. 结 构

奥运村作为帆船中心建筑群中最重要的建筑,担负赛时运动员居住和赛后超五星级酒店的功能,由高度不同的四个塔楼和大底盘裙房组成,主楼间通过在六层采用限位支座的钢连廊连成整体。连廊的结构设计考虑了大震下的主楼间可能发生的变形,并确保在此变形下连廊的安全。大跨度宴会厅采用经济合理的双向钢桁架结构,保证了建筑净空的要求。根据建筑功能要求,在奥运村与运动员中心之间采用了斜拉索钢桁架连廊,成为建筑造型与结构形式完美结合的产物。针对建筑造型的特殊要求,采用了不同形式的钢结构屋面,媒体中心采用拱形张弦梁屋面和斜柱圆弧梁钢结构屋面,并进行了各种工况下的强度和稳定性分析;运动员中心除采用斜柱圆弧梁钢结构屋面外,游泳池屋顶采用单面斜杆的空间三角桁架,并用短连杆解决桁架刚度不均匀的影响;行政中心采用钢梁与钢桁架共同受力的斜屋面形式,充分满足建筑功能的空间要求。此外,媒体中心观光塔采用钢筋混凝土筒体,用斜钢管支撑承托顶部观光平台,解决了建筑造型与结构不规则性之间的矛盾,成为该建筑的标志。为保证媒体中心张弦梁屋面顺利施工,对其进行了施工模拟仿真计算,对斜柱圆弧钢梁屋面进行了多方案比较。

10-24 奥运村结构整体外观

10-25 奥运村造型外墙结构施工中

10-26 钢结构顶升1　　　　　　　　10-27 钢结构顶升2

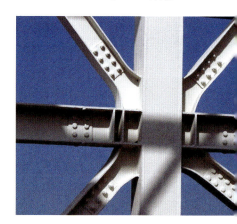

10-28 媒体中心结构张弦梁屋面施工中　　10-29 结构弧形屋面施工中　　10-30 奥运村弧形飘板结构连接节点

2. 设 备

采用集中空调热风采暖，风机盘管加新风及全空气系统，二次泵变流量系统、四管制及一次泵、两管制的空调水系统方式。给水系统为高区变频水泵供水，低区市政供水的方式。雨污分流，污废合流，雨水进入市政雨水管网，污水排入市政污水管网。市政中水用于冲厕、绿化等。消防系统设独立的消火栓系统、自动喷洒系统和水喷雾系统等均为加压供水。

3. 电 气

工程中全部采用绿色照明设备、高效节能型荧光灯、高功率因数电子镇流器、高效节能灯具，园区景观照明采用光伏发电技术和风能发电技术。电气设计中采用了无功自动补偿与谐波滤波相结合的供电方案，用以改善电能质量。设计了完善、全面的弱电系统，实现通信自动化，设备管理自动化，办公自动化，运营管理自动化。

施工建设
Construction

1. 工程管理模式

青岛国际帆船中心陆域工程由青建集团股份公司总承包施工。工程总建筑面积15万m²,由业主、监理及总包单位各组建项目管理部,形成三级项目管理形式。

2. 工程技术要点及难点

工程整体工期紧,体量大。基础施工过程中,在近海点不足50m,基坑下挖1.5m就是海水的情况下,采用了1200个直径1.2m,约计9600延长米的高压旋喷桩支护兼作止水帷幕的施工方法,起到了有效止水和边坡稳定的作用。以本工程为依托的"临海复杂地质条件下深基坑围护技术"获2005年山东省建筑业技术创新奖二等奖。

工程地下室底板、屋面及外墙防水层均采用合成高分子PVC防水卷材,施工速度快,后期防水效果显著。

主体施工阶段,大体积混凝土施工中,将1400m²定型组合钢模板应用在核心筒及异型柱等部位,70000m²、12mm厚竹胶板应用在主体结构施工中,混凝土成形后经检测达到了清水混凝土的效果,被评为"青岛市优质结构工程"。

工程主体为框筒结构,整体外装饰采用玻璃幕墙及石材幕墙,屋面采用钢结构作为外立面装饰造型。钢结构空中连廊跨度为21m,提升高度为25m,在地面拼装为整体后,采用整体提升技术,加快了施工进度,同时保证了焊缝质量和构架的拼装质量。工程整体幕墙及钢结构部分设计新颖,富有现代气息,成为青岛海滨城市的标志性建筑。

10-31 观光塔结构节点施工中   10-33 观光塔节点竣工

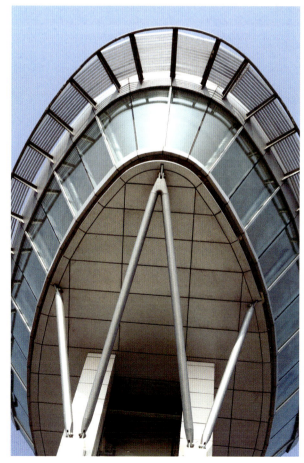

10-32 媒体中心外景

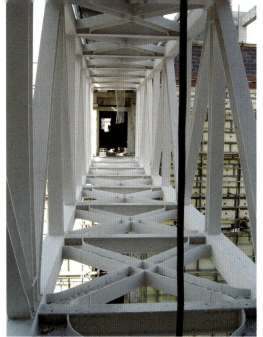

10-**34** 21m跨度的连廊施工中

10-**35** 21m跨度连廊竣工

10-**36** 地下室PVC防水施工　　10-**37** 核心筒定型大钢模　　10-**38** 基坑施工

三大理念实施
Three Concepts Realization

为突现"绿色奥运"、"人文奥运"、"科技奥运"的理念,工程大量运用科技环保性材料,并结合当地地域特点,将太阳能技术、海水净化技术、可再生能源技术、废弃物管理以及降低噪声等方面的技术很好地运用在本工程的设计过程中。暖通空调、给排水设计,从奥运的三大理念出发并遵循环保、节能、资源综合利用的原则,充分利用太阳能、海水能、自然风能等绿色能源,采用变频、热回收、消声减振、节能节水及废水废气处理等先进、安全可靠的技术措施,并设置有效的自动控制系统。

1. 绿色奥运——可持续发展

青岛国际帆船基地的建立以及相关的滨水开发对环境的影响被降至最小的程度,富于创造性的环境解决方案将更充分地证明青岛具备承担北京2008"绿色奥运"的能力。为达此目的,本次项目基地的规划和设计工作遵循环境责任方面的新标准。

要达到环境发展的远景目标,需要为能源和水资源保护、降低污染、可再生能源技术、废弃物管理、环保材料以及降低噪声等方面制订新举措。

10-39　屋顶太阳能集热板

10-40 遮阳百叶

10-41 太阳能集热板

2. 人文奥运——理念体现

规划建筑设计结合地域及场地自然条件,利用生态型的建筑群体界定不同的开敞空间,力图强化公共区域和滨水的特点。

融入原有船厂众多大型的遗留构件和建筑,比如干码头和龙门架等,利用自然手法处理地形、地貌,配合植物造景,创造一个人文体量建筑和景观化广场的城市环境,使之成为具有自然景观特色的沿海风光,体现青岛"山、海、城"融为一体的景观特色。

3. 科技奥运——技术特点

①结构:采用预应力张弦梁屋盖形式、预应力斜拉索技术、弧形钢屋盖等技术形式,更好地展现建筑造型的雕塑感。

②设备:根据奥运方针,结合不同建筑物的特点及地块方位,采用不同的利用自然能源节能、环保的新技术,如冷却塔免费冷源利用技术、太阳能制冷供热系统、水源(海水)热泵技术等。

③电气:采用绿色照明系统、电动机变频控制技术、电动机软启动技术、无功补偿与谐波治理技术、楼宇设备控制管理技术等技术形式体现科技奥运、绿色奥运的奥运方针。

残奥会利用
Paralympic Function

1. 残奥会特点

2008年第13届残奥会帆船比赛也将在青岛国际帆船中心举行。比赛设单人船、双人船和三人船3个比赛项目，届时将有80名残疾人运动员参赛。国际残帆联技术代表助理伊恩·哈里森及其夫人参观赛场后，对青岛奥帆中心的设施赞不绝口，认为青岛赛场将是残奥会帆船比赛有史以来最好的场地。哈里森对青岛的志愿人员的服务水平和质量也给予了高度评价。

2. 残奥会的设计要点

以《方便残疾人使用的城市道路和建筑物设计规范》和《2008年北京奥运会场馆设计大纲》为设计依据，工程针对奥运会无障碍设计和残奥会的使用，采用了如下具体措施：

青岛国际帆船中心由五栋建筑组成，每栋建筑首层主入口均设满足残障坡度要求的坡道，首层卫生间均设残疾人专用卫生间，全楼电梯均可到达，电梯中设语音报站、残疾人按钮等专用设施，以满足全楼无障碍通行。奥运村380余套客房（450个标准间）中设4套残疾人专用套房，内设残疾人卫生间。残疾人奥运会比赛前，将对部分客房进行改造。

后奥运时代的思考
Post-Olympic Thoughts

1. 运营设计与赛后利用

设计中考虑奥运会后该中心内五栋主要的建筑单体及相关设施的合理利用或改造，以确保可持续发展的城市理念的实施。其中：

- 行政与比赛中心——国家水上运动中心（赛后）
- 奥运村——五星级酒店（赛后）
- 运动员中心——休闲娱乐中心（赛后）
- 后勤保障及供应中心——景观建筑（赛后）
- 媒体中心——国际游艇俱乐部（赛后）

2. 场馆使用的社会化

整个帆船中心奥运会后，将作为民众观景、休闲的场所，其中水上设施可作为游艇俱乐部经营使用。

第 **11** 篇

天津奥林匹克中心体育场
Tianjin Olympic Center Stadium

项目总览
Project Review

1. 项目概况

天津奥林匹克中心体育场坐落在天津市区西南部，距市中心约6km，四周毗邻城市，有良好的外部交通环境，地处城市上风口，地势平坦，并有开阔的天然水面，用地的西北侧与风景秀丽的水上公园相邻，东北方向与著名的天津电视塔相望，优美的自然环境和高品质的城市环境使该地区成为理想的大型体育活动场所。

该场馆在奥运会期间的主要用途为足球赛场，奥运会后的用途为综合性比赛场，除了满足足球比赛之外还能满足田径比赛的要求。

11-01　全景鸟瞰

11-02　侧入口外景

11-03　体育场内景

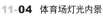

11-04　体育场灯光内景

11-05　黄昏外景

11-06　夜景效果

天津奥林匹克中心体育场位于天津体育中心竞技区内，占地45hm²，用地内除建设本体育场外，还规划有待建的国际体育交流中心、水上运动中心。其用地北侧为滨水西道，西靠凌宾路，南接红旗南路，东望卫津路，有着良好的外部交通环境。场地内的道路将体育场与上述城市道路连接在一起，同时在其周边将建设两座大型立交桥和一座平交桥（现已建设完成）。天津地铁6号线也将从凌宾路通过，这些举措都会有效地解决未来天津奥林匹克中心体育场的交通问题。同时本用地处于城市的上风口，地势平坦、开阔，没有污染，该地区的空气质量和空气环境在天津市是最好的。随着城市环境的不断改善，该地区周边绿化也得到了加强，更主要的是天津市今后几年实施"蓝天工程"，而这里会成为最大的受益地区。

11-07 外围通道1

11-08 外围通道2

11-09 贵宾区室内1

11-10 贵宾区室内2

2. 项目信息

(1) 经济技术指标

建设地点：天津市南开区

奥运会期间的用途：奥运会足球分赛场

奥运会后用途：综合性比赛场地

观众席座席数：6万座席

建筑高度：53m

层数：6层

占地面积：45hm²

总建筑面积：169000m²

　　其中，地上建筑面积156000m²，地下13000m²

建筑基底面积：70000m²

道路、停车、广场面积：150000m²

绿化总面积：180000m²

绿化率：40%

容积率：0.67（包括用地内其他几栋建筑）

建筑密度：24%（包括用地内其他几栋建筑）

机动车停放数量：1000辆

(2) 相关设计单位及人员

设计单位：日本株式会社AXS佐藤综合计画

主要设计人：大野胜、进藤宪治、牟岩崇、张旭红、清水芳昭等

设计单位：天津市建筑设计研究院

主要设计人：孙银、王士淳、赵敏、毛俊等

方案征集
Draft Plan

1. 任务及方案征集概述

(1) 方案形成

为了把天津奥林匹克中心体育场建成具有国际水平、中国一流的并具有天津特色的现代化体育设施，成为天津市的又一标志性建筑，采用向国外公开招标的方式选择设计方案，从报名的三十多家设计单位中经过资格和业绩评审筛选出12家在体育设施上具有国际一流设计水准的单位参与竞标，这12家单位分别是：日本佐藤综合计画、天津市建筑设计研究院、澳大利亚COX建筑事务所、日本川口卫构造事务所、德国欧博迈亚设计咨询有限公司、韩国综合建筑师事务所、上海华东建筑设计研究院和德国ASP事务所、澳大利亚百瀚年（Bligh Voller Nield）建筑设计事务所、法国CONSTANTINI设计公司、韩国刘春秀事务所、美国HOK Sport设计公司和北京市建筑设计研究院、美国SOM建筑设计事务所和航空工业规划设计研究院。

这些设计单位涵盖了1992年巴塞罗那奥运会、1998年法国世界杯足球赛、2000年悉尼奥运会、2002年韩国和日本世界杯足球赛、2004年雅典奥运会和2006年德国世界杯足球赛主体场的设计单位和设计人，其设计方案代表了当今国际体育场设计的最高水平和最新理念。经过邀请国内建筑专家评审共有三个方案入围，分别是由佐藤综合计画、天津市建筑设计研究院、澳大利亚COX建筑事务所设计的方案，后经报领导审批确定佐藤综合计画的"水滴"方案为实施方案，由佐藤综合计画与天津市建筑设计研究院联合完成天津奥林匹克中心体育单体设计工作。

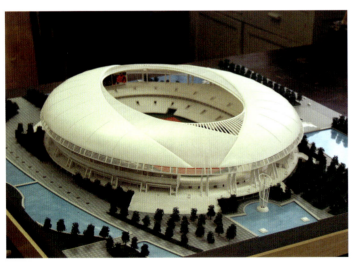

11-11 天津市建筑设计研究院入围方案

11-12 澳大利亚COX建筑事务所方案

(2) 设计原则

①天津体育中心体育场建筑设计应反映天津市的城市特点和风貌，主格调应体现现代大型体育建筑风格，富有时代气息和鲜明特征，并汇集建筑艺术和现代科技于一体，使之成为天津市重要标志性的体育建筑。

②天津体育中心体育场为可举办国际性田径比赛及国际性足球比赛的特级综合体育场。田径场和足球场地设计以国际田联及国际足联的最新要求和规定为设计依据，它是一座现代化智能建筑，并作为北京2008年奥林匹克运动会足球分赛场。

③天津体育中心体育场项目选址于天津市西南端（位于南开区）规划的体育中心竞技区建设用地内，应考虑与已建成使用的体育馆及配套设施的规划关系，体育场的位置布局要体现水中体育场的理念，以符合天津特点，达到绿色奥运的宗旨。

④天津体育中心体育场设计应充分考虑天津市的气候特征，充分利用自然资源，合理设置采暖及空调设施，体现生态思想和节能降耗理念，符合可持续发展的要求。

⑤天津体育中心体育场设计应做到功能齐全，设施完善，技术先进，充分满足竞赛区、观众区及辅助用房、体育产业用房三大功能区的使用要求，其布局和结构选型要经济合理，安全适用。

⑥天津市体育中心体育场设计必须满足天津市城市规划的有关具体要求。

2. 中标实施方案

现代人们都希望抛开城市的喧嚣和污染，投入到自然环境的完美交融中，以得到全身心的放松，找到世外桃源的感觉，故在项目规划设计中最大限度地保留原有水面达10万m²，建成世界独特的水中体育场，充分利用自然水域，依水造景，使其形成碧波如鳞，绿树成荫，以天津水域特色为依托的优美环境。

11-13　中标方案效果图

　　天津自古就有"津沽"、"沽水"、"沽上"的别称，海河在地域中蜿蜒流淌，大海在不远处潮起潮落，"水"孕育了天津独特的地域文化特色，塑造着天津优美的城市景观，也因此取"水"作为设计理念的核心，围绕"生命之源——水"的主题展开设计。

　　在总体规划中环绕体育场四周设置了大面积的人工水池，使建筑宛如立在水面中央，构成了一座非常独特的水上体育场。在单体设计中更是模拟水滴的形状，将建筑尽量做得流畅圆润，富有张力。体育场、游泳馆和现状体育馆犹如三颗晶莹的水滴，以不同的姿态点缀在水面上。

11-14 中标方案夜景效果图

建筑解读
Architectural Analysis

1. 方案深化

体育场作为大型体育设施，它的日常维护费用和运营费用都相当高，即使在发达国家，体育场也常常需要依靠政府的财政补贴，慢慢变成一个无法填平的无底洞，赛后利用是建设体育场面临的共同难题，为了能够做到赛后以场养场，在方案调整阶段业主提出了增加商业面积的要求，为赛后利用提供充分余地。

为达到这一目的，在二层休息平台上安排一圈商店，共16处，上下两层作体育用品专卖店，另外在首层环形车道以外的外环设置了一圈对外经营的餐饮、展览、健身娱乐等设施。

2. 方案调整

为贯彻节俭办奥运的政策，决定对设计方案的结构设计及装修标准两项内容进行认真研究。经过多方案的论证，最终确定屋盖结构方案为V字形平行弦钢管桁架，屋盖面积达76719m^2，屋盖用钢量仅约14000t，平均每平方米用钢量为170kg。这在大跨度钢结构体系中是非常省的。

在确定装修标准时，本着适用、经济的原则，以简洁、大方为主，充分体现体育建筑性格。凡混凝土暴露部分均采用清水混凝土，各种功能使用房间依据使用要求做到适用、经济，满足功能要求。

技术设计
Technology Design

1. 屋面造型

在建筑设计中该项工程最为复杂的是屋面工程设计。屋面形体对体育场外观形体影响最大，它是从一个不规则的空间曲面创造出的一个水滴造型，最大垂直面弯曲率半径约350m，最小垂直面弯曲率半径约50m，最大水平面曲率半径210m，最小水平面曲率半径约35m，由这些变化的曲率半径组成一个极为复杂的空间曲面，每一条曲线皆为非方程曲线。

为了更好地完成这一屋面系统工程，必须解决好以下几个问题：

· 为实现平滑过渡的空间曲面，重点解决采用平板组合成的空间曲面，并确保平滑和谐的艺术效果和经济实用性。

· 采用先进而可靠的结构体系，解决好安装工艺、伸缩变形、密封排水等问题，确保工程多项性能优良。

· 采用国内外先进的屋面材料确保工程质量。

· 应用专业软件模拟风荷载，应用有限元分析软件校核体系及构件，确保屋面适应结构变形的要求。

· 充分考虑结构安装施工的可行性、便捷性、经济性，确保工程顺利完成。

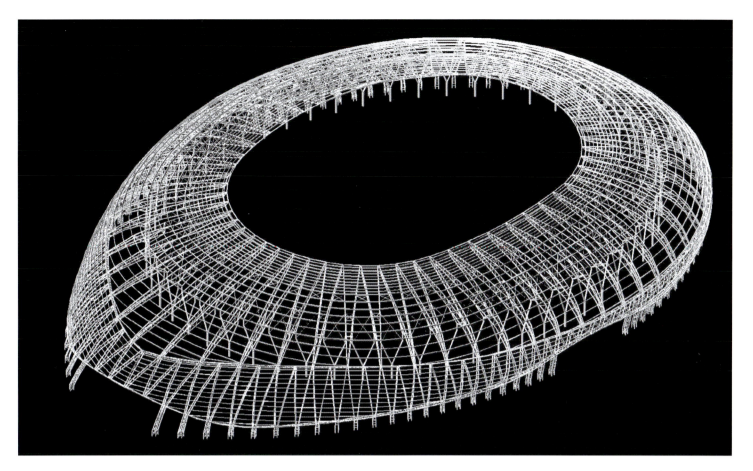

11-**15** 结构体系模型

11-**16** 结构计算模型

287

2. 屋面系统

屋面系统共有三部分组成：

· 阳光板屋面体系，位于屋面最上部，采用PC板。

· 金属板屋面体系，位于屋面中间部位，采用敞开式三层金属屋面做法，屋面面层采用铝合金蜂窝板作装饰面层，装饰板下部为防水屋面，防水板采用直立锁边式连接的镀铝锌钢板，屋面底板采用穿孔率为20%的金属板，以满足声学设计的要求。

· 点支式玻璃幕墙屋面体系，位于屋面下层部位，根据使用部位的不同要求分为三种做法：点支式玻璃幕墙临近金属屋面部位；点支式玻璃百叶幕墙位于中间部位；点支式玻璃间隔位于屋面的最下部位。

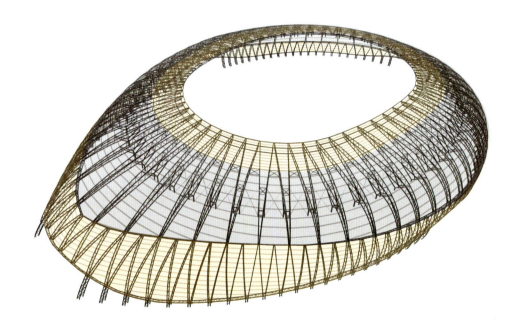

11-17 屋盖体系

11-18 屋面三维模型

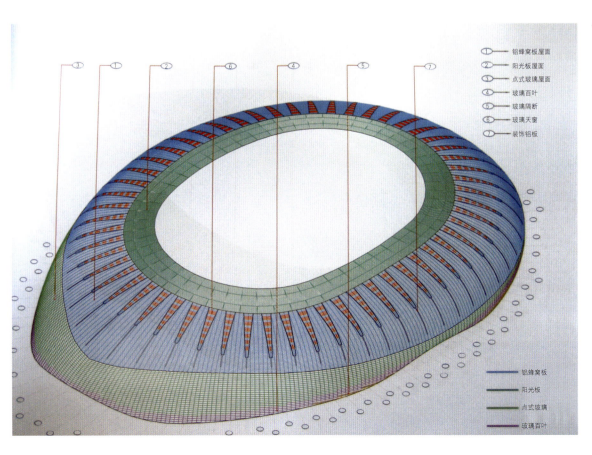

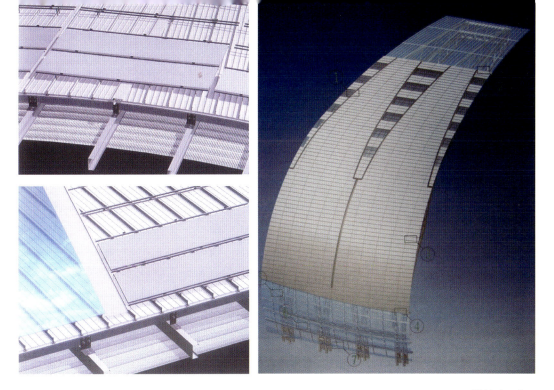

11-19　屋面装饰板布置效果

11-20　上下层檩条布置示意图

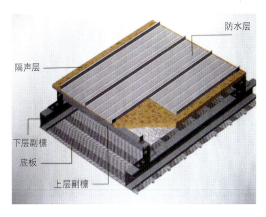

11-21　屋面防水板布置示意图

11-22　安装完的底板

3. 机电系统设置

为满足奥运会比赛要求，体育场配置先进的机电系统，除采暖空调、供水、供配电系统外还设有监控管理系统、体育竞赛综合信息管理系统、计时计分与现场成绩处理系统、仲裁录像系统、数据网络系统、通信系统、综合布线系统、电子显示系统、扩声系统、转播录像系统、安全防范系统、交通管理及消防系统等，以上这些系统均按照国际奥委会的标准，采用具有世界先进水平的技术和设备，以保证2008年北京奥运会的顺利进行。

施工建设
Construction

1. 工程管理模式

天津奥林匹克中心体育场工程是由天津建工集团总公司工程总承包有限公司和天津第六建筑工程有限公司组成的联合体施工总承包承建。在施工现场设立项目经理部，委派项目经理、项目总工、专业项目经理，设置工程计划部、技术质量部、预算经营部、设备材料部、财务成本部、综合管理办公室，即管理职能齐全的六部一室。建立包括分包方责任人员在内的工程进度、技术质量、安全防火、文明施工、经济运行工作管理体系，定岗、定人、定责。对体育场工程总工期计划进行编制及控制，对各施工阶段及分包工程进度计划进行协调与管理，编制具有针对性、操作性的，可以指导全局的施工组织总设计的专项施工方案及作业指导书，使施工部署按计划进行，技术措施按方案实施，工程质量在施工过程中得到控制。对工程总承包合同中总包方自行承担施工的工程和专业分包承担的钢屋盖结构桁架、屋面工程以及业主委托总包方管理的功能性工程进行全过程、全专业、全方位的组织协调、控制管理。

2. 工程技术要点及难点

(1) 工程难点

天津奥林匹克体育场工程形如水滴，其卵椭形状的平面和曲面卵壳形的钢屋盖体形，面积巨大。由多个圆心及相应半径形成的不同曲率弧线切连而成的卵椭圆形平面径向由56条大轴、168条分轴与环向轴线相交，从而确定柱、梁、承台基础中心的相关位置，所形成的非直角正交轴线网其测量定位难度大。

能容纳6万座席的看台主体结构南北长轴408m，东西短轴285m，供观众出入看台、休息、疏散使用的二层平台面积近6万m²。呈封闭环形的看台主体结构采用无缝设计技术，使超长超大面积混凝土在结构施工中控制，减少了混凝土收缩，预防了有害裂缝，技术难度大。重达13000t的钢屋盖桁架结构构件形状各异，单榀桁架长达99m，112榀主桁架悬挑50m，多达1500件钢桁架构件安装中的空间三维坐标定位难度大。桁架钢管节点焊接焊缝多，其一级焊缝质量要求严格。

面积近50000m²的现浇清水混凝土柱、栏板，预制清水混凝土看台板的浇筑、制作及安装其外观质量标准高。

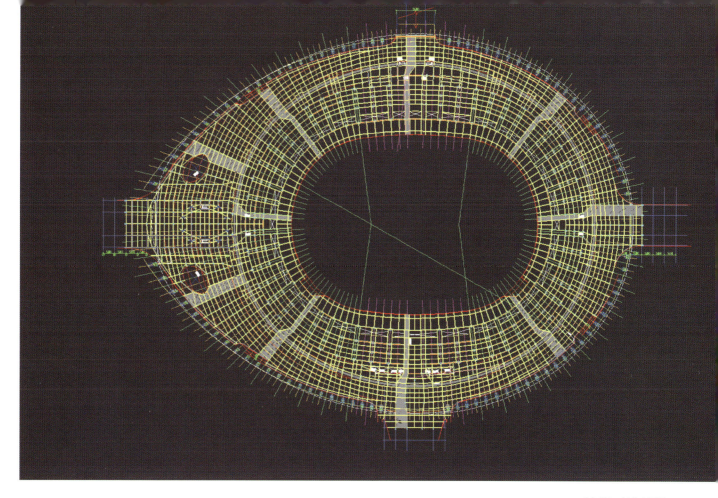

11-23 结构布置图

11-24 钢屋架施工1

11-25　钢屋架施工2

11-26　看台结构混凝土施工

11-27　节点焊缝

11-28 超长、超大主体看台

(2) 技术措施

在施工过程中采用调整配筋量,利用HEA抗裂膨胀剂,设置后浇带,强化混凝土早期养护等技术措施中的补偿收缩混凝土施工技术,使超长、超大面积体育场主体看台结构混凝土未出现有害裂缝。

利用计算机技术和AutoCAD、AutoLISP、OFFICE软件,建立测量定位坐标数据库,使用全站仪测量技术对平面轴线和空间三维坐标定位进行测量控制,使精度达到要求。

利用清水混凝土施工技术对模板选材、板型设计、支撑计算、混凝土材质及配比、浇筑和养护进行控制管理,使清水混凝土质量达到内坚外美。

利用自行研发的"预制清水混凝土看台板螺栓调节精细安装方法",使近万块的看台板构件安装后板面平整误差控制在2mm以内。

在施工过程中还使用了"钢骨混凝土施工技术"、"免振自密实混凝土施工及检测技术"、"大悬挑钢桁架同步卸荷施工技术",开展了"混凝土收缩性能检测与研究"、"混凝土温度变形应力检测"、"钢结构桁架应力监测"等科研工作,为施工提供科学数据,保证施工质量及安全。

三大理念实施
Three Concepts Realization

水孕育了生命,也孕育了天津奥林匹克中心体育场的设计理念,建成世界独特的水中体育场,充分利用自然水域,临水造景。

(1) 构思一:以"露珠"为主题的体育设施群

在规划用地中将已建成的体育馆和拟建的体育场及水上运动中心的三项体育设施综合考虑,以露珠为主题,三者构成三颗清亮水滴,以形态优美、动感十足的不同姿态呈现于水面上。已建成的体育馆犹如一颗水滴由天而降,点缀在碧波中,形态圆满,珠圆玉润;而体育场则宛如由东南风吹来的一颗水滴,与水上运动中心这颗伴随西北风而来的水滴在水面上掠过。水滴入水寓意了人类回归自然的理想,体现着"绿色奥运"的主题。

(2) 构思二：以先进技术和新型建筑材料构筑高科技的体育场

高科技产品和最新的科研成果在体育场得以展示，多种新技术、新工艺、新材料的大量应用，使体育场外部造型和空间结构显得更轻盈，还大量引入诸如中水利用、自然水域再生处理系统，以及光电通信、电视转播信息平台、智能化管理系统等科技手段，使之真正成为高科技含量的体育场，创造出理想的竞技环境，体现着"科技奥运"的主题。

(3) 构思三：融于城市环境中的"绿、水、天"相呼应的体育城

体育场以柔和的曲面空间造型，宛若晶莹的露珠，呼之欲出，与碧水、蓝天、绿草融合在一起。体育场作为一个生态建筑，它简洁、透彻，富有张力，加之完善的使用功能，不仅可满足国际足球和田径比赛的要求，而且融群众休闲、娱乐、健身、购物为一体，创立了适宜的人文环境，体现着"人文奥运"的主题。

残奥会利用
Paralympic Function

该体育场在奥运会后将作为田径、足球综合性比赛场，在进行田径比赛时，场地均符合残疾人田径比赛要求。在运动员更衣室均为残疾人设有专用厕位，运动员入口处设专供残疾人使用的坡道，在体育场外围道路均布置盲道通向看台，并设有4条残疾人坡道，在观众区设置残疾人座席和残疾人专用卫生间等。

以上这些设施用来满足残疾人运动会的要求。

11-29　总平面图——水中体育场

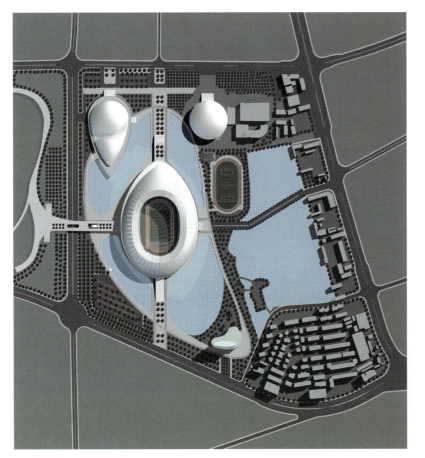

11-30　主入口坡道

11-31　夜景效果

11-**32** 夜景局部图

11-**33** 体育场夜景

11-**34** 残疾人座席

11-**35** 主入口坡道近景

11-36　残疾人座席　　　　　　　　　　　　　　　　　　11-37　残疾人卫生间

后奥运时代的思考
Post-Olympic Thoughts

首先在宽大的二层平台上布置了一圈商店，它正面朝向平台，背面和看台之间留有观众入口通道，是完全脱离看台之外的。商店共上下两层，奥运结束后这些商店主要经营体育用品及相关纪念品，同时由于二层平台北入口附近的空间非常宽敞，足以形成一个建筑内广场，可以举行小型活动，在它的上方还架起一座多功能厅，可以作为会议和娱乐厅使用。此外，这里还有两个椭圆形中庭，内有自动扶梯通往一层的餐饮、娱乐、展览等设施，这些设施布置在一层最外圈。除此之外，体育场东入口处的一层和四、五层还设有健身娱乐部。可以预见待奥运会比赛结束后，体育场向市民开放，环绕看台将形成一个集餐饮、娱乐、文化、休闲为一体的综合体育产业服务区，人们在这里漫步休憩，可以感觉四季的光景变化，在粼粼的波光中欣赏城市美景和草木的苍翠。

第 **12** 篇

秦皇岛奥林匹克体育中心体育场
Qinhuangdao Olympic Sports Center Stadium

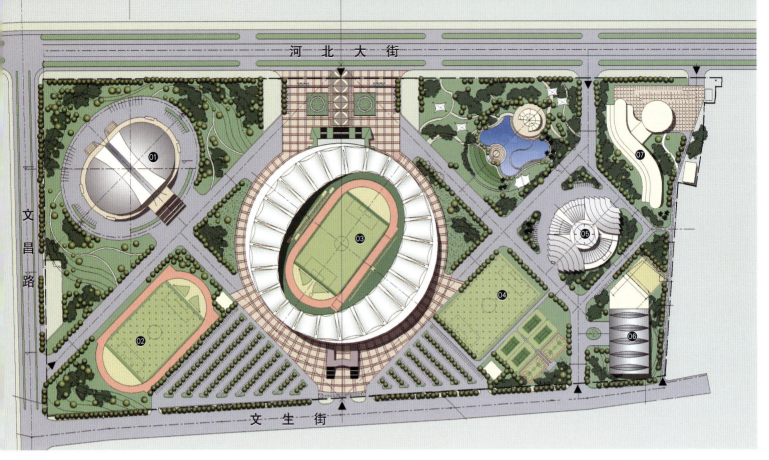

12-01 总平面图

01 体育馆　　05 游泳馆
02 田径训练场　06 综合训练馆
03 体育场　　07 体育宾馆
04 足球训练场

项目总览
Project Review

1. 项目概况

秦皇岛体育场是第一个开工建设、第一个竣工的2008年奥运场馆，建设用地位于秦皇岛市奥林匹克体育中心，即205国道以南，老京山铁路以北，文昌路以东。秦皇岛体育场用地面积168794m^2，总建筑面积41828.64m^2。体育场拥有3.5万座观众席，场内设有36.5m半径的400m环形跑道标准田径场，跑道内设有68m×105m的天然草皮足球场。秦皇岛体育场可承担足球、田径等国内、国际、洲际赛事，并作为2008年奥运会足球赛的分赛区，将于2008年8月6日至8月16日之间举行12场小组赛，并包括两场四分之一决赛（男女各一场）。

12-02 外部实景

12-03 外部实景

12-04 夜景效果

12-05 体育场内实景

12-06 体育场内演出盛况

12-07 体育场弧形观众休息厅

12-08 看台座席

2. 项目信息

(1) 经济技术指标

建设地点：秦皇岛市河北大街西段秦皇岛市奥体中心

奥运会期间的用途：足球分赛场

奥运会后用途：综合体育场

观众座席数：35000

其中，轮椅席位61个，贵宾席位1482个（含记者席），包房席位1100个

檐口高度：40.7m

层数：地上6层

占地面积：168794m^2

总建筑面积：41828m^2

建筑基地面积：24656m^2

道路、停车、广场面积：102326.44m^2

绿化总面积：132605m^2

绿化率：31%（注：该绿化率为整个体育中心平均绿化率）

容积率：0.24

机动车停放数量：1230 辆

自行车停放数量：9000辆

(2) 相关设计人员

设计单位：同济大学建筑设计研究院

主要设计人：车学娅、包健薇、董英涛、刘红等

方案征集
Draft Plan

1. 任务及方案征集概述

任务书要求建设内容和规模为：

· 容纳3.5万人体育场，建筑面积41306m^2。

· 室外训练场，包括足球训练场1块，田径训练场1块，网球训练场4块及篮球场2块，建筑面积45473.56m^2。

· 承办2004年第11届河北省运动会，配合北京申办2008年奥运会，改变秦皇岛市没有大型体育场馆和体育设施落后的局面，促进秦皇岛市全民健身活动深入开展和文化、体育交流。

竞赛有5家单位参加，经专家评审，同济大学建筑设计研究院、北京市建筑设计研究院提出的设计方案入围优胜。经方案优化调整，确定同济大学建筑设计研究院的方案为中标实施方案。

2. 中标实施方案

秦皇岛体育场中标方案体现了建筑艺术的完美和科学技术的先进。轻巧的悬索钢桁架，强烈的动感和曲线美的马鞍形天际轮廓线，乳白色的屋盖覆膜，使体育场在蓝天的背景下似一张白帆升起在海面上；夜晚，在泛光灯照明的陪衬下，像一个闪烁光芒的巨大扇贝静卧在海边，展示着海边建筑的地方特色。

12-09 总体鸟瞰效果图

12-10 体育场夜景效果图

12-11　日景效果图

建筑解读
Architectural Analysis

1. 布局合理

秦皇岛体育场位于整个体育中心的中轴位置，总体布置上采用内外椭圆的平面布局，在形式上与椭圆形的体育馆和游泳馆达到统一。为避免与西面体育馆最高点冲突，体育场的东西向中轴线与体育馆的中轴线错位，体育场的南北向中轴线设置为正南北向，以满足运动场长轴方向的比赛要求。

2. 交通便捷

体育场四周道路与周围城市道路成45°角布置，利用椭圆形的体育场平面巧妙地将由河北大街引入的道路向两边发散至相邻的文昌路，又汇总至与河北大街平行的道路文生街，从而形成了以河北大街为体育场人流的主要入口，驾车族则由布置有停车场的文生街入口入场，以达到人车分流的目的。为保证观众疏散的安全，所有的观众自行车、机动车停车场都布置在体育中心大门以外，体育赛事散场时，观众可在出了体育中心大门后，前往自行车停车场、机动车停车场或公共交通车站，选择各自的交通工具离开。运动员、体育官员和首长贵宾的停车场分别布置在西看台底层入口的两侧，车辆由文昌路大门出入，以保证在赛事前后这些车辆能方便地入场，迅速地离去而不受观众影响。

3. 生态绿化

秦皇岛体育场四周结合城市景观进行绿化布置，采用点、线、面的处理手法。在其南北两侧以片状绿地为主，根据地势坡度，进行绿化种植，片状绿地强调生态绿化，根据不同季节选用不同树种和植被，以求四季常绿，四季花开；观众大平台布置点状绿化，设置大型景观花盆，按季节更换花卉植物，打破平台的单调，融入宜人的绿色气候；体育场四周的道路和停车场的边缘采用以线状绿化为主的方式，种植行道树，既改善了道路遮荫，又起到区域空间划分的作用。

12-12　体育场观众入口

12-13　体育场外景

4. 功能完善

体育场看台采用绕田径场一周的椭圆形平面形式,观众席内圈椭圆与外圈椭圆中心线东西相距15m,从而使视距质量较好的西看台可容纳更多的观众。看台分设东、南、西、北四个看台区,并利用看台下部空间分层布置各功能用房。西看台底层平面由运动员用房、裁判员用房、组委会用房、记者用房、新闻中心等用房组成。沿田径场一侧外墙均为落地玻璃,可将田径场内的景象尽收眼底。八套带有淋浴、卫生间的运动员用房,可满足国际性比赛要求。医务室、兴奋剂检查室、赛后控制中心等可为各种比赛提供服务。另外,底层还设有大会议室、新闻发布中心、电视转播技术用房、办公用房、消防控制中心用房。东看台底层设有群众性体育娱乐用房及网球俱乐部,并设有大小餐厅,体育场内部的运动草坪及看台的背景成了餐厅极佳的视觉环境。南北看台的底层主要是辅助用房,南看台设有办公、体育器材库,北看台设有22间运动员双人客房及相应配套的咖啡酒吧、娱乐多功能厅。

四个看台区的二层均与室外大平台连通,是观众的入口层及休息平台,观众所需的卫生间、小卖部、公用电话的设施一应俱全。西看台设置为双层看台,主席台设在西看台的中部,按要求布置首长席(官员)、贵宾席(VIP)和记者席。西看台的顶部还设有灯控、声控室,终点摄影室和电视广播转播室等技术用房。

5. 节能、安全

(1) 建筑主墙体材料采用加气混凝土砌块,平屋顶采用倒置式保温方式,保温材料选用挤塑聚苯板,外窗和玻璃幕墙选用中空玻璃,以满足建筑主要围护结构的节能要求。

(2) 看台板采用聚酯纤维混凝土,板底喷涂渗透结晶型防水涂料,新材料、新工艺的采用,使看台表面增强了抗裂性,提高了防水性,也方便了施工作业。

(3) 看台上观众席的排距为820mm、座宽500mm,并设有70个排距1100mm、座宽800mm的无障碍席位;主席台的贵宾和记者席位尺寸为排距1000mm、座宽600mm。首长席排距2400mm、座宽600mm。观众席的最大视线俯视角为26°,座位台阶高度在满足视线不受遮挡的前提下均控制在425mm以下,有效地保证观众入场和疏散的安全。

12-14 座席看台

12-15 座席看台

6. 立面简洁，造型轻巧

秦皇岛体育场外圈立面采用框架式玻璃幕墙，二层观众平台处采用支点式玻璃幕墙，现代的材料反映出建筑的时代特征，并体现出简洁的立面效果。

看台挑棚采用24榀悬挑钢桁架，通过索膜、钢拱、内外环梁及前后拉索（杆）组合成一个受力明确且合理的空间结构体系。从内场仰视，挑棚屋盖的结构杆件清晰均匀，简洁合理，给人以轻盈飘逸的视觉美感。

技术设计
Technology Design

1. 结构设计

体育场基础采用人工挖孔桩+柱下独立承台，根据上部荷载及持力层顶部标高变化情况，桩径1~1.5m，桩长8~12m，桩尖入强风化岩持力层，以达到控制沉降和节约造价之目的。至竣工时，实测柱间沉降差控制在3~5mm以内，均在设计计算控制值范围内，充分控制了大体量建筑的差异沉降。

体育场看台结构采用现浇混凝土框架结构，由于看台全长约700多米，为了避免结构过长而产生的混凝土收缩应力，设置了四道变形缝，将整个看台分成东、南、西、北四个看台，但东、西看台长度仍达185m，为满足建筑造型和使用功能要求，经过计算温差产生的应力，在看台纵向梁板配筋时增加抗温度应力所需的钢筋及相应构造措施（如掺加聚丙烯纤维混凝土，设置施工后浇带等），经历一冬一夏实际考验，至今现场看台面层无任何收缩裂缝。

体育场屋盖采用索膜钢桁架结构体系，整个屋盖由24根圆形大柱撑起，形成24榀类似桅杆的桁架，通过外环、内环、中间环又形成一个整体，结构受力简洁明了，倒梯形变截面主桁架场内最大悬挑长度约42m，整个张拉膜屋盖与钢桁架浑然一体，形成合理的空间受力体系，较完美地体现了建筑造型。设计前本体育场屋盖进行了风洞模拟试验，在取得可靠的受荷数据后，运用多个国内外软件进行计算比选，优化设计，并将索膜钢屋盖与下部混凝土框架结构进行整体变形受力计算，做到既受力合理，结构安全，又节约钢材，经多次现场实测，屋盖变形稳定，完全符合设计要求。

体育场索膜顶棚面积达21600m^2，空间造型复杂，整体呈马鞍形，24个单元均呈双曲面。膜面采用自动数码裁剪和热力熔接，预应力拉索采用双限位张拉，制作安装质量优良，完全达到设计的空间造型要求。

2. 暖通设计

(1) 冷热源

冷源：采用调节性能好的螺杆式冷水机组，多台大小组合节能可达30%，节省运行费用；热源：由室外管网集中提供，机房内设板式换热机组。

(2) 空调系统设计

①大空间采用全空气低速管道系统，并且过渡季节可实现全新风运行，以充分利用天然冷源，延迟制冷机组的开启时间。

②办公室、贵宾室等小空间采用风机盘管加新风系统。

12-**16** 混凝土看台施工

12-**17** 屋顶施工

(3)空调水系统

采用电动阀、压差旁通及能量检测系统等自控系统对空调系统进行能量调节，使空调系统能随建筑物的负荷变化选择最经济的运行方式。

(4)自动控制

空调控制采用DDC控制系统，可以实现以下控制：

①冷冻机房控制

·自动监测冷水机组、冷水泵、冷却水泵、冷却塔及低位定压装置的运行状态、故障信号、启停状态、冷却水供回水温度、冷水供回水温度、压力及冷水回水流量，计算实际冷负荷。

·根据程序按顺序启停冷水机组，冷却水泵、冷水泵、冷却塔。

·根据供回水压差控制压差旁通阀的开度，维持供回水压力平衡。

②空调（新风）机组控制

·自动监测空调场所温度（或新风温度）及空调（新风）机的送风温度、风机的运行、启停状态。

·根据空调场所温度来设定送风温度，根据送风温度与送风温度设定值比较，来自动控制机组的二通阀的开度，维持室内温度恒定。

·自动检测机组新风防冻阀、防火阀的状态，实现与风机连锁，各机组送风机前后压差状态，实现风机故障报警。

3. 给排水设计

充分利用市政水压，一至二层采用市政水压直接供水，三至六层采用加压供水，考虑到体育场建筑用水的不均匀性，采用变频水泵加气压罐联合供水，既满足有赛事时的大流量供水，又满足无赛事时的小流量供水；同时避免了在建筑最高层设置高位生活水箱，减少了对建筑外观的影响，也避免了水质的二次污染。

生活水池采用不锈钢装配式水箱，既减轻了结构荷载，便于施工安装和泵房空间的布置，又减少了水质的二次污染。

由于体育场建筑位于北方，而鉴于体育建筑的特点，给水、消防等较多供水管布置在没有采暖的室内外部位，为防止在没有比赛的冬季管线结冻，在投资最小，系统改变最小的情况下，采用电伴热系统，自动温度控制，根据管径的大小，以及所要达到的保温温度，选择相应的自控温伴热电缆，直线状沿管线铺设在保温层内。管线防冻，只要保证管线内水温控制在4°C左右，耗电量很小，而且哪里需要保温，就可以在哪里安装，并且可以在现场按要求随意剪切，和其他技术措施相比，方便可行又经济。

场地浇灌用水由体育中心设置集中的蓄水池，避免各单体建筑重复设置，蓄水池由天然雨水补给，部分由市政水或处理过的中水补给。

热水部分：采用集中供热系统，机械循环，采用导流型容积式热交换器，提高了热交换效率。热交换器根据功能不同，分开设置，供体育场用热水的热交换器采用两只，供附属部分用热水的热交换器采用一只，从而可根据需要使用热交换器，既节约能源，又能满足使用要求。

排水部分：蹲便器采用自闭式冲洗阀，减少了安装空间，又节约了用水。同时由于体育建筑的特点，部分卫生器具的存水弯会明露在室外，为防止结冻，蹲便器采用带存水弯的,地漏及小便槽的排水存水弯均布置在室内部分范围内。

排水管采用硬聚氯乙烯内螺旋管,一方面增加了立管的排水能力,因为体育场公共卫生间的排水量相对集中,另一方面许多排水立管沿柱子明装,采用普通排水管,会有明显的噪声,而采用硬聚氯乙烯内螺旋管,可以明显降低噪声。

4. 强电设计

在项目中设置专用变配电所,由两路独立10kV电源同时供电,互为备用。高压系统采用单母线分段,中间设联络柜,当其中一路失电时另一路可对全部变压器继续供电,不致影响所有设备的正常运行。系统具有灵活性,不论非正常停电或检修一路停电,均不会影响各部位的用电需要。对重要用电负荷设备均由变电的双回路直接供电。在末端配电箱中自动切换,对特别重要照明,除有双回路供电,同时另设置集中式备用电源(EPS装置)。这样在外供电源全失电时,仍能保持场内不致一片漆黑,使人员可安全疏散。对重要通信、报警等设备均自带UPS备用电源。

变电所内变电器配置将大功率等动力用电系统与场地照明用电系统分开设置变压器供电,防止相互有干扰,使各自供电系统更加可靠。

场内照明系统:

·采用高速数据传输(HWI)分布控制,集中管理照明控制管理系统,通过模块箱对整个照明控制系统的各种设备进行协调管理。

·若有火灾报警时HWI系统能立即将应急供电光源全部点亮。

·循环控制模式,可设立多种场景进行控制(可按彩电转播,一般比赛及训练等多种模式)。

·场地灯具设在雨篷最高处,以扩大灯具与一般视线的夹角,灯具选配有独特的遮光罩,以减少灯具的杂散光,消除直接眩光。

场地防雷安全保护。体育场面积大,人员多,遭雷击事故也时有发生。本项目中采取用避雷带与避雷针相结合的措施,将避雷针保护范围扩至整个场地的每一部位(包括场地中心点),提高整个场地的防雷安全可靠性。

5. 弱电设计

设立虚拟交换系统,市政光纤经埋地引入通信机房,通过光纤引至东、南、西、北各看台配线间。

设计了一套千兆位到用户的标准、灵活、开放的结构化布线系统。采用光纤加千兆位双绞线布线,集语音、数据、文字、图像于一体,可满足高速数据传输对各种网络系统(ATM、FDDI、Fiber channel、10Base-F、100Base-Fx)的发展要求。体育场设有数据处理中心,利用闭路电视系统、互联网、数字化信息处理技术,比赛场上的成绩可及时发布在大屏幕上,记者可在记者席或工作室直接将新闻图像传送至新闻播放中心或外地通讯社,体育官员可及时了解比赛进程和运动员的工作状态,观众也可通过大屏幕观看比赛瞬间的精彩画面。

后 记

本卷的编纂是集体劳动的成果和结晶。

本卷的编纂工作是基于十二个项目的参与者所提供的图纸、文字以及回忆的信息才得以完成。由于无法对所有提供的资料进行逐一的考证，我们仅能保证本卷所编著的内容与项目各方所提供的资料的一致性。文中各场馆的有关数据和信息以及相关文字图片的真实可靠性已得到各提供方的确认。

他们是：第一篇北京射击馆，清华大学建筑设计研究院，庄惟敏、祁斌、汪曙、侯健群等；第二篇北京奥林匹克篮球馆，北京市建筑设计研究院，胡越、顾永辉、邰方晴等；第三篇老山自行车馆，中国航天建筑设计研究院（集团）、广东省建筑设计研究院、德国舒尔曼建筑设计事务所，窦晓玉、林小强、吕琢、谭开伟、崔玉明等；第四篇顺义奥林匹克水上公园，北京天鸿圆方建筑设计有限责任公司，李丹、侯宝永等；第五篇中国农业大学体育馆（摔跤），华南理工大学建筑设计研究院，何镜堂、孙一民、韦宏等；第六篇北京大学体育馆（乒乓球），同济大学建筑设计研究院，钱锋、杨朔宁、孙宏亮、朱华等；第七篇北京科技大学体育馆（柔道、跆拳道），清华大学建筑设计研究院，庄惟敏、栗铁、任晓东、梁增贤等；第八篇北京工业大学体育馆（羽毛球、艺术体操），华南理工大学建筑设计研究院，何镜堂、孙一民、韦宏等；第九篇北京奥林匹克公园网球中心，中建国际设计顾问有限公司，郑方、吕强等；第十篇青岛奥林匹克帆船中心，北京市建筑设计研究院，解钧、徐浩、唐佳等；第十一篇天津奥林匹克中心体育场，天津市建筑设计研究院，孙银、王士淳、赵敏等；第十二篇秦皇岛奥林匹克体育中心体育场，同济大学建筑设计研究院，车学娅、丁浩民、苏旭霖等。

尽管为本书的编纂我们倾心尽力，但我们深知没有上述各单位和合作参编人的努力，本卷是不可能完成的。

由于我们作为主编的经验不足，加上本卷涉及的场馆较多，资料庞杂，提供资料的各方又情况不同，本卷内容难免存在疏漏，所以希望广大读者在阅读过程中，给予谅解并提出宝贵意见。

若读者能认可我们的工作，我们也算为奥运事业尽了一份绵薄之力。

庄惟敏

清华大学建筑设计研究院院长
院总建筑师

2008年6月28日于北京

图书在版编目(CIP)数据

华章凝彩——新建奥运场馆/清华大学建筑设计研究院本卷主编.—北京：中国建筑工业出版社，2008
(2008北京奥运建筑丛书)
ISBN 978-7-112-09882-8

Ⅰ.华… Ⅱ.清… Ⅲ.夏季奥运会－体育建筑－建筑设计－北京市 Ⅳ.TU245

中国版本图书馆CIP数据核字(2008)第110164号

责任编辑：徐　冉　王莉慧
整体设计：冯彝诤
责任校对：刘　钰　关　健

2008北京奥运建筑丛书
华章凝彩——新建奥运场馆
总　主　编　中国建筑学会
　　　　　　中国建筑工业出版社
本卷主编　清华大学建筑设计研究院
＊
中国建筑工业出版社出版、发行(北京西郊百万庄)
各地新华书店、建筑书店经销
北京锐扬图书工作室制版
恒美印务（广州）有限公司印刷
＊
开本：965×1270毫米　1/16　印张：20½　字数：680千字
2009年1月第一版　2009年1月第一次印刷
定价：168.00元
ISBN 978-7-112-09882-8
　　　(16586)
版权所有　翻印必究
如有印装质量问题，可寄本社退换
(邮政编码 100037)